送给心灵的100束鲜花

〔日〕 高森显彻 著

1天1则，如同心灵森林浴般的小故事
献给最在意的你，成为使你身心愉快的深呼吸

人民东方出版传媒
People's Oriental Publishing & Media

东方出版社
The Oriental Press

前 言

中国有句古语："仓廪实而知礼节，衣食足而知荣辱。"
然而，在当今日本，衣食虽足，伦理道德却荒废已久。放眼
世界，也是大同小异。在物欲横流的现代社会，多数人都急
功近利，只梦想着一获千金，却不知踏踏实实地努力进取。

不论古今，芸芸众生奔波忙碌，追根究底只是为了两个
字——"幸福"。而真正的幸福，来自于日常生活中点滴的
善根。

善因善果，恶因恶果，自因自果。种瓜会得瓜，种豆则
得豆。种下南瓜的种子长不出西瓜来，播下什么种子就会结
出什么果实。

当然，这个结果，有的马上就能看到，也有的则需要等
上几十年，甚至要到更遥远的未来才会显现出来。但无论是
早是晚，总有一天，结果一定会出现。

如果不懂得这因果的理法，放纵作恶，为所欲为，必将
从今生起就遭受憎恨、诅咒之苦。其结果不仅毁灭了自己，
还会把孩子也逼到悲惨的境地。

一位妇人向高僧请教怎么教育孩子，高僧答道："为时
晚矣。"

"可是我的孩子才刚刚出生呀！"

"如果想真正教育好这个孩子，必须从你母亲那一辈开

始……"

高僧的指点，令妇人瞠目结舌，又感慨不已。

"十年树木，百年树人"，要把"娇儿贵子"培育成具有优秀品格的栋梁之才，绝不是朝夕之功。

学校教育固然重要，孩子人格的塑造最重要的还是在于家庭教育，尤其是父母的言传身教。

英国有句古老的格言："推动摇篮的手，终将推动世界。"可以说，父母的一举手、一投足，都决定了孩子的未来。

如果只会生孩子，而不懂得教育培养，那么人与低等动物的区别又在哪里呢？

"上梁不正下梁歪"，父母必须注重自身的言行，以身作则地教育子女。

曾有教育学家明确断言："不知道一百个以上有意义的故事，就不具备做父母的资格。"

有趣的故事，可以唤起幼小心灵的奋发向上之心，培养不屈不挠的精神，还能去除懒惰和贪图安逸的妄念，把顽石打磨雕琢成美玉。

向着光明不断进取的人，定会日益蓬勃发展；冲着黑暗奔跑的人，必将走向灭亡。

愿与有缘之人，共同朝向光明不断进取。诸位笑览拙著之余，如蒙受益，不胜荣幸。

合掌

高森显彻

2014年01月

目 录

1

窗户框子也会"疼"啊

一天，我外出讲演，在电车里遇到了这样的事情。

那天正好车里人少，空位很多，宽敞安静。我心情舒畅，索性一个人把旁边的位子也占了，惬意地打开了带来的书。

不知过了多长时间。读书的疲劳，加上电车有节奏的摇晃，使我迷迷糊糊地打起瞌睡来了。

突然，刺耳的警笛声和急刹车的金属摩擦声，惊醒了我的美梦。司机好像在铁道口上发现了什么障碍物，紧急刹车。列车剧烈的摇晃使我身子往前倾，险些摔倒。

就在这时，一个孩子哇的一声哭了起来。

原来，在我座位的右前方，坐着一位带着孩子的年轻妈妈。大概是妈妈为了让孩子看窗外掠过的风景，把孩子的额头贴在车窗的玻璃上了，这突然的紧急刹车，使孩子的脑袋一下子撞到了窗框上。孩子大声地哭闹起来。

我担心孩子是不是头被撞破了，站起来看了看，好像不大要紧，于是松了口气。

接着，意外的温馨一幕，深深地感动了我。

大概是不太疼了，孩子止住了哭声。年轻的妈妈一边爱护地揉着孩子的额头，一边轻轻地对孩子说："宝宝碰疼了吧？乖孩子，让妈妈给你好好揉揉。宝宝刚才碰疼了，对吧？不过那个窗框子也疼了啊！宝宝和妈妈一起给窗框子揉揉好吗？"

孩子听了，点点头，于是和妈妈一起给窗框子揉了起来。

"宝宝碰疼了吧？乖孩子，都是这个窗框子不好！我们打这个可恶的窗框子！"我本以为会看到这幕场景，不禁面红耳赤。

因为在这种时候，一般的妈妈会和孩子一起"打"窗框，给孩子出口气，好让孩子平静下来。

我不由得反省：人在遇到痛苦时，总习惯找出带给自己痛苦的人，通过谴责或惩罚对方，获得自己内心的平衡。而我们在不知不觉中，又将这种习惯刻印到了孩子幼小的心灵里。

常言道，三岁看大，五岁看老。而对孩子影响最大的，正是母亲。

做事情根本不顾对方的立场，只一味考虑自己，这种自私自利者的未来必然是黑暗的。

向着光明灿烂的未来前进之人，应该走在使对方幸福、自己也幸福的利人利己的光明大道上。

我在心里默默地祝福这一对温馨可爱的母子，希望他们能得到真正的幸福，然后心情愉快地下了电车。

2

历史学家和一位少女的约定

一天，著名的历史学家那比尔在街上散步，看见路旁有一位衣衫褴褛的少女，拿着牛奶罐子的碎片正在哭泣。

那比尔于是和蔼地询问少女哭泣的原因。

原来少女家只有母女二人相依为命，妈妈得了重病，这位少女从房东那里借来了一个能装一升牛奶的罐子，准备去给妈妈买牛奶，却在路上不小心把牛奶罐子掉到地上摔碎了。少女怕回去挨房东骂，就哭了起来。

那比尔看少女很可怜，于是掏出了自己的钱包，但打开一看，自己这个穷学者连一分钱也没带。

"明天这个时候，请你到这里来，我给你牛奶罐子的钱。"那比尔和少女紧紧握手后道别了。

不料第二天，有朋友捎急信来说："有个大富翁要资助你的研究，他今天下午就要走了，请你赶紧过来见他！"

但是，如果去见那位大富翁的话，就会对少女失约。

那比尔立即答复朋友："非常抱歉！我今天有特别重要的事，请允许我改日再去拜访。"

那比尔对少女履行了自己的承诺。

那位大富翁起初以为那比尔是个傲慢无比的家伙，一时气愤不已。但后来得知了事情的真相，便更加信任那比尔，大力地资助了他。

有钱人易怒，最难相处。他们总以为万事都可以用钱来解决。而为了金钱变节、不守信用的金钱奴隶又是何其多也！

"储"蓄钱财的"储"字，汉字简化以前写作"儲"，由"信"和"者"构成，是指钱会聚集到"有信用者"之处。

即使是对自己不利的事情，一旦承诺就必须兑现，这是一个人的信用之本。

履行不了的约定，从一开始就不该承诺。失信，不仅给对方添麻烦，而且也会伤害自己。

3 好音色不是来自乐器

听说闻名于世的小提琴家维泰里将用价值五千美元的小提琴为大家演奏，那天的演奏会座无虚席。

在全场热烈的掌声中，维泰里出现在舞台上。

"啊! 快看! 那就是价值五千美元的小提琴!"

会场上几千人的目光一齐投向维泰里手中拿着的那把小提琴。

接着，演奏开始了。

时而扣人心弦似湍湍急流，时而委婉动听如潺潺溪水。全场听众都陶醉在这无比美妙的音乐之中。

"啊! 这音色是多么优美啊!"

"真不愧是价值五千美元的小提琴啊!"

"哎! 哪怕是一次也好，真想试试那把小提琴!"

会场中赞叹声此起彼落。

可是，不知道为什么，在演奏到第六曲中间时，音乐声戛然停止，维泰里把小提琴重重地摔到了椅子上。

小提琴被摔碎了。

全场一片哗然，听众纷纷站了起来。

"大家请安静!"

音乐会的主办人出现在舞台上,他手里拿着另一把小提琴。

"刚才被维泰里先生摔碎的小提琴,是一把随处都可以买到的一美元六十美分的便宜货。最近,音乐界里有盲目炫耀高价乐器的倾向,而最为这种风潮担忧的就是维泰里先生。维泰里先生想告诉大家一个平凡的真理,那就是——美妙的音乐不是源于价格高昂的乐器,而是源于演奏乐器的人。下面维泰里先生用的才是真正价值五千美元的小提琴。请大家继续欣赏!"

演奏重新开始了。掌声和欢呼声仍旧那么热烈。

但谁也不知道这把五千美元的小提琴,与刚才的那把廉价品究竟区别在哪里。

4

我的家里尽是些"坏人"
家庭和睦的秘诀

有一个地方，住着两家邻居，张家打打闹闹吵架不断，而李家却和和睦睦平平安安。

吵架不断的张家主人，对邻居李家为什么如此和睦百思不解。于是，有一天，他到李家去请教。

"如您所知，寒舍终日吵闹，使我焦头烂额。而贵宅却如此和睦，想必内有秘诀。若有促使家庭和睦之秘方，恳请不吝赐教。"

李家主人听后答道："哪里哪里！敝宅本无秘诀。只不过是因为贵宅都是完美无缺的'善人'集合在一起了吧。而敝宅因是缺点多多的'坏人'凑在一起，所以无从吵架，仅此而已。"

张家主人听了这席话，以为自己被讥讽奚落，于是大怒，起身就要拂袖而去。正在这时，忽然听到屋子里面有声音，好像是什么东西被摔碎了。

"婆婆，对不起！我没看好脚下的路，把一个好好的茶碗碰碎了，是我不好，请婆婆原谅我！"这家儿媳妇一再诚恳地道歉。

接着传来了婆婆的声音。

"不不! 不怪你! 不是你的错! 刚才我本想把茶碗收拾起来, 结果懒着没动, 怪我放的地方不对。是我不好, 该道歉的是我!"

"噢! 原来如此! 这家都是些缺点多多的'坏人'啊。所以吵不起架来, 我明白了!"张家的主人敬佩不已, 满意地回家了。

即便人有过, 亦莫加指责。反省我自身, 过错胜彼多。

5

第十个恶人是谁？

德川义直①经常这样教导部下："身为统率者，其首要职责，即倾听臣下谏言。不受谏言则无以觉察自身之过失。故居于人上者，须对下平易近人，以使其畅所欲言。武田胜赖②拒纳谏言，遭遇灭亡；织田信长③亦因不听森兰丸④之劝告，遭部下明智光秀⑤痛恨，最终惨死。而唐太宗则广开谏言之路，由此奠定了子孙后代长治久安之根基。"

然而，善于倾听谏言，进而接受并予以采纳，可谓难中之难。

有一次，德川义直收到一封匿名的书信。他打开一看，开头写道："贵府有十个恶人！"文中列举了九个人的姓名。

"剩下的那个人是谁呢？"德川义直环视了一下四周的近臣后，不解地问道。

这时，年仅二十三岁的秘书持田主计回答说："那个人大概就是殿下您吧！"

"你说什么？难道我是坏人？"德川义直的声音有些颤抖。

"信上列举的九个人都是臣下，无须避讳，而剩下的这个人，却需要回避，可知是个不能直呼其名的人。写信的人或许认为，即使不直接点出名字，殿下也能领会的吧。"持田主计宛如写信人是自己一样毫不犹豫地断言。

"我自己倒没注意到，若有缺点，你说说看。"

持田主计随即答道："是。您应该改正的地方，大体上有十点，请恕我直言。"

就这样，当着在座近臣的面，秘书持田主计口若悬河地把德川义直的缺点一一地陈述出来。

在臣下面前，德川义直被痛斥得体无完肤，一时气得脸红脖子粗，但仔细反省起来，觉得持田主计指出的问题大都言之有理。

数日后，德川义直将持田主计封为"大忠臣"，加封其领地俸禄，更加重用，并令其参与国政。

这正是德川义直被称为明君的理由。

①德川义直（1600年—1650年）：日本江户时代初期的尾张藩藩主。德川家康第九子。
②武田胜赖（1546年—1582年）：日本战国安土桃山时代的武将。欲步其父信玄之后尘西进，但大败于织田信长，一蹶不振，后在天目山之战中自杀。
③织田信长（1534年—1582年）：日本战国安土桃山时代的武将。在统一日本全国的大业完成一半时，于京都本能寺遭明智光秀突袭而自杀。
④森兰丸（1565年—1582年）：日本战国安土桃山时代的武士。美浓（现岐阜县）人。自幼跟随织田信长，得其宠信。战死于本能寺之变。
⑤明智光秀（？—1582年）：日本战国安土桃山时代的武将，曾受织田信长重用。1582年突袭京都本能寺，迫织田信长自杀。后于山崎之战中败给羽柴秀吉（即丰臣秀吉），逃跑途中被人杀死。

6

出嫁后，要每天穿好的、吃好的、好好化妆

富豪董默卡生的夫人，是远近驰名的贤妻良母。她有一个女儿，也是个人见人夸的聪明姑娘。

里奇米大臣的夫人很想让自己的儿子把这个姑娘娶进门，于是上门提亲，最终两家达成了婚约。

有一天，里奇米夫人到董默卡生家拜访，正巧碰见董默卡生夫人在谆谆教诲女儿："记住了吗? 出嫁后，要像我常对你说的那样，每天穿好的、吃好的、好好化妆!"

"没想到娶了个这样的媳妇!"里奇米夫人后悔不已，可是事到如今又不能悔婚，只好怀着复杂的心情回家去了。

婚礼顺利结束后，里奇米夫人不禁对今后担忧起来。

她暗中观察儿媳的言行，却看到她天天一早起床，打扫房间和院子，晒洗衣服，对公公和丈夫照顾得周周到到，厨房也收拾得一尘不染，无可挑剔，并未见任何浮躁之态。

里奇米夫人再也忍不住了，就把一直放在心里的疑问对儿媳妇讲了出来："你出嫁的时候，你母亲不是教你每天要穿好的、吃好的、好好化妆吗? 可你为什么没按照她的话做呢?"

"婆婆大人，我母亲说的要穿好的衣服，意思是说要穿干净的衣服；吃好吃的东西，意思是说如果劳动，吃什么都会觉得香，所以要勤快；而化妆是说要把屋里屋外、厨房厕所都打扫干净的意思。"儿媳妇微笑的脸庞上，散发着光芒。

　　作为婆婆的里奇米夫人，这时才对董默卡生夫人的出色教育发出了由衷的赞叹。

　　无疑，喜欢干净，无论何时都是女性的一大美德。

7

你可以回家了

基础是最重要的

一天，有个青年到意大利一位著名的音乐家那里登门求师，想学习音乐。

"你最好放弃这个念头，音乐之路太艰难了！"音乐家断然拒绝道。

"无论怎么艰苦我都要学，请您务必收下我。"青年苦苦恳求着音乐家。

这位青年向音乐家保证，无论怎么艰苦也绝不会有半句怨言、绝不发半句牢骚，于是音乐家收下了他。

青年住在老师家里，他包揽了做饭、洗衣、打扫等所有家务，利用空余时间学习音乐。

最初的一年，他只学习了音阶。第二年，他学习的同样只是音阶。到了第三年，这位青年期待着学到新的内容，但依然只学了音阶。

第四年，还是只学音阶。青年终于忍不住抱怨道："能不能教我一些乐谱呢？"一听这话，老师把他狠狠地叱责了一顿。

到了第五年，老师教给了他半音阶和低音的使用法。年底，老师对青年说："你可以回家了！我要教的都教完了。今后你在任何观众面前唱歌，都不会比别的歌手逊色的。"

老师认为他已经掌握了自己全部的拿手技艺。

这个青年就是卡发莱利，后来，他成为了意大利首屈一指的实力派歌手。

像音阶这种基础技术可不能小看。音乐家之所以花五年时间倾注全部心血来教授音阶，是因为一旦把基础打好，无论多么难的乐谱都可以驾驭自如了。

不论什么事情，基础都是最重要的。

8

夫妻原本是他人

一个酷热的夏天，丈夫下班回家了。

"我回来啦。好热的天啊!"

"你回来了! 天热吧。在家里待着都流汗，何况你在外面拼命工作呢。太郎，快拿扇子给你爸爸扇一扇!"

"不用不用。这么一点点热算不了什么! 我再出去干一会儿都没关系。"

如果夫妻之间互敬互爱，那么说出来的话自然是互相体贴的。

反之，则会出现以下的结果。

"你回来了。夏天嘛! 也不是你一个人热，别以为自己有多了不起!"

"你说的是什么话! 是不是故意找碴吵架?!"

男人有时具有统率三军的气势，有时又像孩子一样想撒娇。在表现男子汉气魄时，他会说:"不管发生什么事，你跟着我准没错!"有时却又会躺在妻子的腿上赖着说:"孩子的妈，给我掏掏耳朵。"

"喂! 给你一百块钱!"

丈夫把钱扔给妻子，妻子就挖苦。

"一百块? 别觉得你了不起! 把钱全交出来!"

"男人需要应酬呀!"

"就会说应酬、应酬! 别光在外面花天酒地，酒在家里喝行不行?"

"看着你像猪头一样的脸，能喝得下去吗?"

"这些年来我一直忍着，我还从来没受过这样的侮辱! 十七年前，是谁说如果不嫁给他他就去死的?!"

"你这个混蛋! 竟然把过去的陈谷子烂芝麻都翻出来了……"

双方吵得不可收拾。

夫妻为什么会吵架呢?

男人和女人，犹如两个互相咬合着的齿轮，一个有四十七齿，另一个却有四十八齿。难免有一天，两个齿轮的齿会突然碰撞在一起。这时，如果其中一方说声"对不起"道个歉的话，也就好了。但如果双方僵持互不退让，那么两个齿轮就会一直顶撞在一起，无法继续运转。

总而言之，认为夫妻是"一心同体"，不需要谨言慎行，所以才会言行无礼。这正是夫妻吵架的原因。

千万不要忘记，夫妻原本是他人。

9

只有一支箭

专心致志

　　射箭场里，一个男子面向靶子站着，手中夹着两支箭。

　　"你呀，才刚开始学习，用一支箭吧!"在一旁指导的老教练冷冷地说道。

　　射箭时，一般都会准备两支箭。而老教练却说因为是初学所以不能拿两支，只能用一支，这是为什么呢? 初学者常常射不准靶子，所以只拿一支箭不保险，应该拿两支才对啊，这可真让人百思不得其解。

　　"是，我知道了。"男子二话不说，乖乖地扔下了一支箭。

　　"我只有这一支箭了!"

　　他把全部的精神都集中在这一支箭上。结果他射出了非常精彩的一箭，正中靶心。

　　"射得这么好，真看不出是初学者。"男子博得了满场的喝彩。可是他怎么也想不通，为什么老教练让他"只拿一支箭"呢?

　　他想来想去，最后决定前去拜访老教练，向他请教。

　　老教练微笑着回答说:"其实没有什么特别的缘故。只是因为如果你觉得后面还有备用的箭，就不能把心思专注于第一箭上，结果就容易马虎大意。假如没有只靠这一箭定输赢的决心，即使你有几十支箭，也都会射空的。"

"这次不行还有下次!"
这种想法会影响一个人的注意力，使人无法专心致志。

说到专心致志，就会让人想起法国的大学者比代①。据说他把所有心思都放在学问上，家务杂事全部交给妻子处理。

有一天，门生冲进房间对比代说:"邻居家着火了，不赶快逃跑就……"

"家务事由太太处理，你去跟她商量吧!"大学者头也不抬地回答道。

这个故事听起来不禁令人哑然失笑，然而我们不也都希望能像他一样，把全副精神都倾注在一件事上吗?

超越时空，专心致志，为达目的而全力以赴，就肯定没有做不成的事情。

▌ ①比代 (1468年—1540年): 法国文艺复兴时期的人文学家。

10

"忙人"才能学习

有个学生去拜访一位成功人士。

"这时代越来越忙碌，简直没有学习的时间，真没办法。"学生说到这里，只听到一声大喝："不要说傻话！"

成功人士这样教诲学生："事情多才能够学习呀！你们是一有空就在睡懒觉吧？学习的时间，并不是特别存在的，在繁忙之中抽出时间来学习，才是真正的用功。凡是借口事情多的人，大都是些有了空就喜欢游手好闲的人。只有那些当别人学习时，自己不甘落后而加倍学习；在别人休息时，自己仍然坚持学习的人，才能取得超越常人的成就。在忙碌的生活中，能否有效利用时间，取决于自己的决心。"

古人云："光阴似箭。"

岁月流逝如同穿梭。明日复明日，眨眼之间就过去两三个月，一年半载也是转瞬即逝。每天总为书信、电话、应酬等杂事忙来忙去，难以完成本来的使命。

无常须臾即至，生死乃一大事。

一分一秒，也不能荒废。

11

"火"在哪里？

有个脾气暴躁的人，为自己动辄发火而非常苦恼。一天，他向一位高僧请教。

"我天生脾气暴躁爱发火，为此感到很苦恼。人们常说，性子急躁容易吃亏。的确，我发过火后，自己心里不好受，也伤害了他人的感情。事情过后，又追悔莫及。但马后炮有什么用呢？我今天就是为了改掉自己爱发火的毛病而特意来拜访高僧的。"

高僧微笑着听他讲完后，说道："噢！原来如此。听你一说，好像你身上长着一个与生俱来的有趣的东西。为了治好你爱发火的毛病，请你把那个天生带来的'火'让我看看，现在也在你身上吧？"

"哦？您说让我把火发给您看？但现在没有惹我发脾气的事情啊。"脾气暴躁的人解释道。

"可是你刚才不是说，你暴躁的脾气是与生俱来的吗？如果真是这样的话，'火'就应该在你身体的哪个地方藏着呢。别不好意思，尽情发出来给我看看！"高僧追问道。

"不！现在在我身上怎么找，也找不出那个'火'来。"

爱发火的人急忙解释说。

"那么，它会在哪儿呢?"高僧问道。

"您这么一说，我真没办法了! 现在哪里也没有。"爱发火的人无可奈何地说道。

"这就对了，怎么会有呢! 你说你暴躁的脾气是天生的，却又找不到它。其实，你身上并没有所谓暴躁脾气这种东西。今后，当你不由得要怒上心头时，你找找看那火是从哪里出来的。那时，你就会明白，是你自己发出来的。如果你自己不把它发出来的话，那个火是冒不出来的。明明是你自己的毛病，却借口说是天生的，这也太不负责任了吧。"高僧亲切地教导说。

忍不能忍才为忍。重要的是心、是心态。

切莫动肝火，只需去感谢!

敬业通向成功

日本历史上著名的三大武将——织田信长、丰臣秀吉[①]、德川家康[②]，他们中哪一位最得人心？

与脾气暴躁的织田信长相比，人们自然会把票投给开朗豁达的丰臣秀吉吧！

的确，德川家康平定了日本全国，奠定了德川幕府三百年的基础，但不知为什么，就是给人们留下了"心怀叵测"、"老奸巨猾"的印象。

相比之下，丰臣秀吉出身于贫苦农民的家庭，他发奋努力，最终一统天下，却不以此妄自尊大。打仗赢了，不沾沾自喜；输了，也不意志消沉。

有人问丰臣秀吉："阁下登上了关白之宝座，想必有特殊的努力……"

而丰臣秀吉却坦然答道："我未曾想过要做关白什么的。当初地位卑微，担任侍奉主人穿鞋的下级侍从时，我只是一心一意地管好主人的鞋子，于是被提拔为下级武士。对下级武士一职我倍加珍惜，百般努力，由此又晋升为上级武士。在上级武士期间，我埋头苦干，奋力拼搏，不知不觉中又被任命为统率的武将，最后终于有了自己的封地，成为姬路城的城主。本人历来得一职则尽忠于一职，得一官则尽责于一官，兢兢业业，奋发进取直至今日。除此以外，并无其他出人头地的秘诀。"

给人生树立远大的目标并非坏事，问题是人们往往对目标的实现急于求成，而忽视了眼前的努力。在众多只知道要求权利却不肯履行义务的人当中，如果对自己的工作忠于职守，尽职尽责，自然会被认为"有发展前途"而得到重用。到了新的岗位上，则更须继续脚踏实地，全力以赴。

忠于现有职位的人，对任何事情都会忠诚对待；轻视现有工作的人，则无论处于什么地位都会心怀不满。牢骚满腹的人是不会成功的。

忠实地完成被赋予的使命，这就是通往成功之路。

---

① 丰臣秀吉（1536年—1598年）：日本战国安土桃山时代的武将。出身于贫农家庭，因侍奉织田信长而成功。织田信长死后，他掌握了日本全国的统治权，就任被称为"关白"的高位，成为当时日本实际上的最高掌权人。

② 德川家康（1542年—1616年）：日本德川幕府第一代将军。丰臣秀吉死后掌握了日本的统治权，开创了德川幕府。1603年—1605年在位。

13

微笑的魅力

张家的对门搬来了一对新婚夫妇。

张太太对丈夫说:"现在的年轻人,肯定都不爱和邻居交往。"

过了一周之后,有一天,这位太太抱着孩子出门的时候,正好碰上刚搬过来的新娘从外面回来。

"你好!啊,今天天气可够冷的啊!"新娘微笑着打了个招呼后,就凑过来温柔地逗弄孩子说,"多可爱啊!啊!对我笑了!"

结果,怎么样了呢?

晚上,张太太高兴得一边笑着,一边开始对丈夫唠叨起来:"哎!还真看不出来,对面那家的新娘,给人的感觉可好啦,我可真喜欢上她了!"

最近还听到一个佳话,说是某百货公司里的餐厅女服务员被一位大富豪娶走了。

据说,这位大富豪的老母亲对这位姑娘可谓是"一见钟情"。她说:"一天,我到那个餐厅用餐,随便点了几个菜。

一位女服务员把菜端来时亲切地说:'对不起，让您久等了!'说着，就把菜轻轻地放在我面前，然后又温和地说:'请慢用!'并留给我一个温柔可爱的微笑。

"那个微笑，绝不是令人厌恶的谄媚，而是女人特有的亲切的微笑。

"在餐厅里用餐，一般服务员都是说句'让您久等了!'然后把盘子放在桌子上就完事了。而这位姑娘却温和地说'请慢用!'并把菜放在我面前最方便的位置上。

"我就是被这一声轻轻的'请慢用!'和那温柔的笑脸迷住了。"

女人的未来，似乎蕴藏在温柔亲切的言谈举止之中。

成名之人

努力的结晶

日本的大阪府是个特别讲究吃的城市。在当地，有一个远近闻名的荞麦面馆。

面馆的老板对生意非常用心，每逢外出旅游，一定要到当地的荞麦面馆，品尝荞麦面条的味道和特色。品尝时，顺便详细请教面馆使用的佐料、酱油以及汤底等等。他把人家的特色和自己面馆的做法进行比较和研究，终日用心，不断改进，力求做出更美味的荞麦面条。

有个人听说这里的面条好吃，很感兴趣，便不顾路远到这里用餐。

他看到面馆老板端坐在柜台后面。服务员把做好的面条端给客人之前，都要先拿到老板的面前，请老板品尝，确认了味道后才端给客人。老板镇静而认真地判断着"这碗可以"，或者"这碗不行"。

荞麦面馆老板坚守着"自己不满意的料理，绝不能拿给客人"的信条。

远道而来的这位客人看到面馆老板做生意的态度，知道了无论做什么事，一个人成名绝非偶然，也并非朝夕之功，不由得对他肃然起敬。

还有一则故事。

某人做了一首新曲急于在近日发表，为了能获得成功，他邀请著名的音乐家陶柏格以钢琴演奏这首曲目。

可是，陶柏格的回答却出乎他的意料。

"对不起，练习的时间不够。"

"哦？您这样的大音乐家，像这么简单的曲子，有四五天准备时间的话，不可能不行吧？"

"不！我在出场演奏之前，至少每天要练习五十次，一个月要练习一千五百次以上，否则，我绝不出演！"

不愧是名家之言。可见，就连已经成名的大师巨匠们，也都在秉持着这样的信念。

如果人的一生只知吃喝玩乐，睡到自然醒，那么想出人头地，无异于缘木求鱼。

名医的"处方"

这是一个发生在三百年前的故事。

日本有一位著名的中医大夫名叫后藤艮山①。一天夜里十二点多，有位妇女来找他，出来一看，原来是附近那家杂货店老板的儿媳妇。

"大夫！这是我这辈子最大的请求了。求您给我配制一副毒药吧！"

杂货店的儿媳妇一副吓人的样子。

"配毒药干什么？"

"毒死我婆婆！"

大家都知道杂货店的这对婆媳是水火不相容的冤家。

后藤艮山医生想了想就满口答应下来："好吧！"因为后藤医生明白，如果拒绝了她，她就会自杀。

过了一会儿，后藤医生配好了三十包药，对杂货店的儿媳妇恳切地说："如果一包药就把她毒死的话，一看就知道是你干的，你会被极刑处死，我也会被斩首。因此，想和你商量商量，我把药配成了三十包，每晚你给婆婆喝一包，这样，刚好到第三十天时，她就会死掉。"

杂货店的儿媳听后十分高兴，临走时后藤医生教给她说:"你只需忍耐三十天。每天给你婆婆吃些她喜欢吃的东西，对她说些温柔体贴的话，经常给她按摩按摩手脚。"

　　从第二天晚上开始，这位杂货店的儿媳妇就按照医生叮嘱的做了。

　　到了整整一个月的时候，这天晚上，儿媳妇照例给婆婆按摩完了之后，婆婆突然站了起来，转身向着惊讶的儿媳郑重地行了一礼，说道:"今天我必须向你认个错! 过去我对你严厉，是为了让你尽快理解和继承我们代代相传的杂货店的家风。这一个月，你简直变了个人，事事都做得细致入微，我无可挑剔了。从今天开始，所有的事情都交给你，我该退下来了。"

　　儿媳妇听后，对自己的所作所为后悔不已，她赶忙跑到后藤医生那里。

　　"大夫! 求求您! 求求您! 求您赶快给我配一副解毒的药!"

　　望着跪在地上流泪恳求的杂货店儿媳妇，后藤艮山医生开怀大笑:"别怕! 那不过是些荞麦面粉! 哈! 哈! 哈!"

▌①后藤艮山 (1659年—1733年): 日本江户时代中期的医师。江户（今东京）人。

和 颜 爱 语
让世界充满欢乐

约翰·沃纳梅克被称为百货店之王。

看到百货店的招聘启事，一位青年赶来应聘。

面对约翰的亲自面试，这位青年及时而准确地回答着"yes"或"no"，没有丝毫的错误。他体格魁伟，也具有足够的学历。随同约翰面试的人都深信他肯定会被录用。

然而，不知为什么，结果却出人意料："不合格!"

"看上去是个非常不错的青年，到底哪里有令您不满意的地方呢?"

面对周围人的疑惑，约翰说："那个年轻人对我的提问，只知道生硬地回答'是!''不是!'而没有礼貌地说'是，先生!''不是，先生!'如果以这样的态度工作的话，他肯定不会热情招待顾客。'热情至上'是我们店的宗旨，哪能录用像他那样的人啊!"

简简单单的一句话，是多么重要!

约翰百货店的员工们说："老板亲切地问候我们一句'早上好!'我们整个一周都会高高兴兴地工作。"

员工们的工作气氛愉快，百货店的生意自然蒸蒸日上，越来越繁荣。

要说为社会服务，世间没有比开朗的笑脸和亲切的问候更能给人带来快乐的了。

约翰就像行走于街头的乐队一样，向四方播散光芒。

没有笑脸、不肯热情问候的人，可以说是天下最吝啬的人。因为稍许动一下笑神经，仅仅说上一两句话，就可以给别人带来幸福，那么连这都不肯的人，当然是吝啬鬼了。

希得尼·史密斯说过一句有趣的话："一天至少要让一个人高兴，这样，十年的话，就可以让三千六百五十个人高兴了。这就相当于拿出让一个村镇的人都感到高兴的捐款一样。"

这正是释迦牟尼佛倡导的"和颜爱语"的布施行。

17

新娘"哭"了

有一天，一个姑娘出嫁了。

结婚典礼和宴会都顺利结束了。第二天，新娘向婆婆请安时，恭恭敬敬地询问道："婆婆大人，今天我做什么活儿好呢？"

"眼下家里没什么要紧的活儿，你这几天也很辛苦，先休息休息吧！"婆婆和蔼地说道。

"不，婆婆大人，我一点也不累。虽然我做得不好，但请您让我做些针线活儿吧！"

"你这么说的话，那就做件衣服吧！不用着急，慢慢缝。"说着，婆婆拿出了一块绯红色的绸缎来。

"这是要考验我的手艺，无论如何一定要缝好！"新娘寻思着，一直缝到很晚，终于把衣服做好了。

"婆婆大人，早安！昨天您交代我做的衣服已经缝好了，我的手艺不好，请您过目。"

这么快就缝好了？拿过来一看，呀！这衣服做得真好！婆婆惊喜万分，高兴得拿着儿媳做的新衣服跑到左邻右舍，让大家看。

新娘满心欢喜，不由得想起了养育自己的母亲，流下了激动的眼泪。

"看看，这是缝的什么活儿!""你怎么这么粗心!""就不会再用心点儿?!"平日里经常遭到母亲的训斥，当被母亲逼着一遍又一遍地重新修改的时候，自己甚至还曾怨恨过母亲。然而，就是这种严厉的斥责和刻苦的训练，才换来了今天大家对自己的夸奖。

到了今天，新娘才理解了母亲的良苦用心。可怜天下父母心啊! 新娘哭了。

古语云:"为护青竹掸积雪，敲打非因憎恨心。"

18

月有阴晴圆缺
海有潮涨潮落

有个正值壮年的上班族。有一天，天快亮时，他起来上厕所，顺便往院子里吐了口痰。

"啊！鲜红色的！一定是得了肺结核！"这个男人吓坏了，只觉得浑身无力，一下子坐到了地上。

丈夫去厕所好一阵子还不回来，妻子不放心，起身去找，发现丈夫坐在地上。妻子好不容易把丈夫扶回房间，一摸额头，发烧不轻。于是又叫医生又找药，家里一阵忙乱。

向丈夫问明原因后，妻子跑到院子里仔细一看，原来是丈夫的痰吐到了凋落的山茶花瓣上。

妻子对丈夫说明真相后，丈夫立刻烧也退了，精神也有了，高高兴兴地上班去了。

这位丈夫如果不了解真相的话，说不定真的成了病人呢！

其实，人活在世间，并不需要畏畏缩缩。

地球有白昼黑夜，月亮有阴晴圆缺，大海也有潮起潮落。自然界尚且如此，荣辱盛衰更是人世之常理。

经济拮据就当做是在定期存款，只需耐心等待，期限自会到来。遭遇不幸或陷于逆境低谷时，就当做是在接受重要的考验。如果想这是如来为了使我更上一层楼而在磨炼我，岂不是很愉快？

在寒风凛凛的逆境中锻炼出来的花朵，比起温室中身处顺境的花朵，香气更加浓郁。

阴晴逆顺，自可顺其自然。总是抱怨无聊没劲的人，他自己才是无聊之人。

转换心态，才是最重要的。

19

鞋子就是我的"主人"

这是丰臣秀吉年轻时的故事。

丰臣秀吉曾经叫木下藤吉郎。他给织田信长做侍奉穿鞋的侍仆时二十一岁，织田信长二十四岁。

无论深夜黎明，织田信长随时会从屋子里出来，而且事先不做任何通知。而木下藤吉郎必须立即把主人的鞋预备好，所以他的工作并不轻松。他必须一天到晚密切关注着织田信长的动静，为主人的突然外出随时做好准备。

木下藤吉郎总是把主人的鞋抱在怀里，像狗一样蜷缩在屋檐下，不管织田信长什么时候从屋里出来，他都会马上把鞋摆在主人的脚下。

最初，织田信长一穿木下藤吉郎预备好的鞋，觉得微微发热，于是立刻大骂起来："你这个混蛋！是不是把主人的鞋垫在屁股底下坐着了？"

其实织田信长并没有真的这么想，但是因为他平时就非常喜欢测试人的才能，所以才故意斥责木下藤吉郎，看他怎么回答。而木下藤吉郎则如实地向主人回禀。

织田信长听后大怒："说谎！你还想欺骗主人？"

说罢，便命令手下侍童搜查木下藤吉郎的怀里。结果，在内衣里面贴身的地方搜出了泥土和沙子。

　　"你真的是抱着主人的鞋了。"织田信长抿嘴一笑。

　　木下藤吉郎低头说道："鞋子犹如我的主人，我觉得如果把它冻着了可不得了……"

　　在大阪城睥睨天下的丰臣秀吉，可谓人人皆知。然而，严冬里像狗一样蜷缩在屋檐下的木下藤吉郎，人们却往往容易忘记。

20

爸妈会说"快送回去！"

大政治家的少年时代

在法国一个偏僻的乡村里，住着一对诚实的年轻夫妇。他们因为家境贫寒，还不起向邻居借的钱，无奈便把家里饲养的五六只母鸡用来抵债了。

第二天，这对夫妇出门去种地时，那些母鸡成群结队地回到原来的鸡窝下了几个鸡蛋。

在家里看家的七岁儿子小菲利普发现后特别高兴，心想："等妈妈回来后请她煮给我吃。"

当小菲利普要把鸡蛋捡进小筐里时，一下子又停住了。因为他想起来母鸡已经不属于自己家，那么鸡蛋也就是邻居家的了。

小菲利普急忙把鸡蛋送到了邻居家。邻居非常佩服，就问他："是不是你爸爸妈妈让你送来的？"

"不，不是！爸爸和妈妈都到田里干活儿去了。但他们回来后肯定会说'快送回去！'"

这家邻居深为小菲利普的诚实而感动，便送他两只母鸡作为奖赏。

小菲利普后来成为了法国一名伟大的政治家。

以诚实的态度贯彻始终的人必能成功。

世间的父母有没有像小菲利普的父母那样教育孩子呢?

我在电车上曾遇见过这样一件事。

有个妇人带着一个七八岁的可爱的小女孩上了电车。坐在前面的一位夫人与孩子搭讪说:"小朋友你真可爱,几岁了?"

"妈妈!我应该说我在家时的年龄呢,还是说我坐电车时的年龄呢?"

这位妈妈被孩子问得面红耳赤。

仅仅为了省几个车票钱①,就教孩子说谎话。这不是在玷污孩子纯洁的心灵吗?只会横行的螃蟹妈妈,即使要求螃蟹儿子向前直行,也是无济于事的。

上梁不正下梁歪啊!

为人父母者,无论陷于任何贫困、艰苦的境地,都要冲破难关,诚实坚强地生活下去。

这样做,也是为了可爱的孩子。

①日本对学龄前儿童有免费乘车的制度。

21

苏格拉底的"恶妻"哲学

安蒂莫太乃斯是希腊最大的地主。一天，他去拜访哲学家苏格拉底，炫耀自己拥有广阔的土地。

苏格拉底转动着地球仪，找到希腊，指着地图说："你的土地在哪儿?"

"我的土地虽然很多，但也不可能画在地球仪上啊!"

望着愕然的安蒂莫太乃斯，苏格拉底紧接着说："太可笑了! 你拥有一点都画不进地图的土地，有什么可值得这么大吹大擂的? 我的脑袋中，可是拥有着大宇宙啊!"

苏格拉底开怀大笑。

然而，这位苏格拉底也曾深有感触地说过："结婚，如果碰上个好老婆，就幸福一辈子; 要是遇上个悍妻，就能成哲学家了。"

说起苏格拉底的妻子詹蒂碧，流传着许多关于她耍泼的趣闻。

詹蒂碧从早到晚不停地抱怨丈夫不赚钱，朋友们看到后对苏格拉底说："你可真能忍受她那些唠叨啊!"

苏格拉底回答道:"水车转动的噪音,听惯了就不觉得烦了呀!"

有一次,詹蒂碧怎么唠叨,苏格拉底都当做耳边风根本不理她,于是詹蒂碧更加暴跳如雷,竟把一桶水浇到苏格拉底的头上。

这时苏格拉底说的话也非常巧妙:"雷声过后必然有骤雨降临,自古以来一直如此。"

就这样,两人之间的"架"自然打不起来了。

如果你把她看成是恶妻的话,就会让自己生气。如果你把她看成是一匹必须驾驭的野马的话,就等于得到了学习的机会。要想掌握精湛的马术,就得有驾驭野马的技术。

对于最野性的马匹,如果也能够驾驭住的话,那么你就天下无敌了。

据说,苏格拉底曾这样用自己家庭的例子来教诲弟子。真不愧是个哲学家。

22

高尚的绅士风格

日本的菊池大麓①，是世界著名的数学家。

菊池大麓在英国剑桥大学留学时，成绩一直位居榜首。有一次，他得了重病，不得不开始长期的住院生活。为此，他连续缺课。

自尊心很强的英国学生们，对一个外国人总是独占鳌头一直心怀不满。他们觉得终于到了发泄积愤的时候了，于是对考第二名的布朗说："你的机会来了！菊池大麓生病了，不能上课做笔记。要抓住现在这个时机，为了挽回我们大英帝国的面子，你怎么也得考个第一呀！"

不久，菊池大麓痊愈出院了。期末考试成绩一公布，菊池大麓还是第一，布朗又是第二。

但是布朗却满足地自言自语道："不管怎么说，我没给英国人丢脸。"

原来，在菊池大麓住院期间，布朗每天都去医院给他送笔记。

在这个暗咒他人不幸、窃喜朋友失败的人世中，布朗表现出多么崇高的友情啊！在人人耻笑他人苦恼的浊世里，高尚绅士的自尊，才更不应受到玷污。

---

①菊池大麓（1855年—1917年）：日本数学家、教育家。曾任东京大学校长、文部大臣、京都大学校长、学士院长、理化学研究所所长等。

23

女性是人生的大地

因事业失败，眼前一片茫然的男人回家后对妻子说："完了！别指望我了！家中的一切都将被法院扣押了。"

本以为妻子会悲伤叹息，没想到妻子反而微笑着问丈夫："哎呀！这可不得了啦！是不是法院连你的身体也会扣押呢？"

"不会，那倒不至于。"

"那么，我的身体会被扣押吗？"

"当然不会。跟你没关系。"

"孩子呢？"

"孩子更没事。"

"那怎么能说家中的一切都会失去呢？健康的我们和充满希望的孩子，这些最宝贵的财产不都还留在家里吗？我们不过是稍微绕了点远路而已。什么金钱呀，财产呀，只要我们今后齐心协力，多少都能赚回来！"

沮丧的丈夫听到妻子坚强的鼓励，顿时心情明朗起来，后来成功地渡过了难关。

有人做了个动物实验，把雌雄两只兔子的腿分别用石膏包扎起来。

公兔马上就急了，又摇头，又咬石膏，拼命地企图从束缚中解脱出来。当然，这期间公兔不肯吃东西，只是一味地在那里咬石膏。

而母兔则不然。在最初一个小时左右的时间里，母兔也是拼命地咬石膏。然而一旦明白咬下去也无济于事之后，就放弃了挣扎，而开始吃东西、休养，不再无谓地消耗体力。

结果不用说，先耗尽体力死去的一定是公兔。公兔的愚蠢脆弱与母兔独特的柔韧顽强的天性，可以说与人类甚为相似。

由此看来，为什么女性的平均寿命总是长于男性，也就不难理解了。

女性本来，犹如人生之大地！

24

小 心 毒 蛇
释迦牟尼佛的醒世警语

"那里有毒蛇! 千万别被蛇咬着呀!"

"是, 我会注意的!"跟在释迦牟尼佛后面的阿难答道。

一个农夫听到这番对话, 想看看到底有什么可怕的东西。

一看, 啊?! 地下露出来的不是些闪闪发光的金银财宝吗?

"这东西肯定是过去谁埋藏起来的, 被大雨一冲, 露了出来。把这些宝贝误认为是毒蛇, 看来, 释迦牟尼佛也是个糊涂虫!"农夫高兴地把财宝拿回了家。

农夫的生活一下子就富裕起来, 成了远近闻名的富翁。此事传到了国王的耳朵里, 因财富来源可疑, 农夫被召去审讯, 不得不坦白交代了。

侵吞大笔财宝, 该当死罪。农夫被判死刑, 但缓期三天执行, 被假释回家。

家里人听了事情原委后, 唉声叹气, 悲伤不已。

"释迦牟尼佛真了不起! 这些财宝确确实实是毒蛇。它不仅咬死了我, 而且还害了我的妻子儿女, 毁了我全家! 全家人在一起和睦地过日子才是最幸福的啊! 财宝, 反而成了折磨我自己的工具。"农夫由衷地忏悔着。

第二天，农夫接到了法庭的传讯。

是不是死刑提前了？农夫吓得脸色苍白，急忙赶到了法庭。

只听得"死罪赦免!"哎？为什么？

国王说："你回去之前，我已经派人藏在你家的地板下面。你说的一切，从释迦牟尼佛的话，到你的忏悔，他都告诉了我。仔细想想我发现，被毒蛇咬伤的岂止你一人？其实我也是终日沉溺于酒色，险些丧国。所以财宝还是请释迦牟尼佛使用吧!"

听完了整个事情的原委后，释迦牟尼佛微笑着说："世间的财宝，往往会成为害身之物，不如用来传播能使人们得到绝对幸福的佛法。"便收了下来。

观此世间，就连身为国家大臣、总理之人都屡屡因钱财而被捕入狱，受其毒害，为之烦恼。

可见，毒蛇的受害者，比比皆是。

25

得意忘形的恶果

日本古代的大和国①有个久米寺院。关于这座古老寺院的由来，有一段传奇的故事。据日本《徒然草》②记载：

古时候，有个叫久米的仙人，终日乘云自由自在地在天空中飞翔。在还没有飞机的时代，翱翔天空该是件多么惬意的事情啊！

有一天，过了中午，久米仙人得意地从云层俯瞰人间。

辽阔的大和平原上，有一条河在静静地流淌。

河边有位像天仙一般美丽的少女，由于四周无人，她无所顾忌地卷起了内裙，叉开双腿，一边哼着歌儿一边在快乐地洗衣服。

久米仙人按说已经道行匪浅，但看到这位美丽少女的娇美姿态，他情不自禁地涌出了违禁的妄想邪念。就在这时，他一下子失去了神通的力量，"啪"的一声，从云间掉了下来，就再也飞不上天空了。

据说，久米仙人从此在那里修建了寺院，专心修行佛法。这就是久米寺的传说。

当然，不论怎么修炼成仙，人类本身是不可能腾云驾雾自由翱翔天空的。

这则故事是在警戒我们要注意傲慢之心，即"本人已经修炼成仙了"、"汝等皆为等闲之辈，不屑一顾"这样的轻蔑他人之心。没有比这颗傲慢之心更危险的了。若倚仗自己是富翁、博士、学者、总裁、会长、美人而蔑视他人，妄自尊大，往往会因此而招致身败名裂。

众所周知，战败前的日本也曾经不可一世。日本自诩"神国"，自认为是世界盟主，大肆侵略他国，企图称霸世界。结果惨遭失败，一落千丈，堕落于地狱。

人，可以攀登到山的顶峰，但不可能永远驻留在那里。
千万不可忘记："地狱是从得意忘形开始的！"

①大和国：日本古代国名，位于现在的奈良县。
②《徒然草》：随笔集，日本古典文学的代表作品之一。作者兼好（1283年—1350年）。

26

为理想而生

一说到种牛痘，人们就会联想到爱德华·琴纳。他的名字家喻户晓。

琴纳原来对博物学很感兴趣，曾经专心研究鸟类。可是，当琴纳得知很多人被天花所困扰时，他就立志无论如何要拯救这些苦难的人们。

当时，在挤牛奶的人之间有一个经验之谈——凡是挤牛奶的人被牛痘传染后，一旦痊愈，以后就再也不会感染人类的天花了。这个说法深深吸引了琴纳，他非常兴奋。

之后，他开始全力收集这方面的事例并反复印证。

后来，琴纳来到伦敦师从名医亨特，向亨特请教。

"要认真研究，多尝试！"亨特鼓励他。

琴纳从此更加周密地反复实验，多方考察，进一步坚定了自己的信念。

人们都知道他以自己的孩子，试验自己发明的预防方法的轶事。而这个轶事，就是在这一时期发生的。

琴纳还从感染了牛痘的一名挤奶女工的手上取下脓水，把这脓水种到了八岁儿童菲普斯的胳膊上。

这事情发生在1796年 5 月14日，据说这就是人类现代疫苗接种法迈出的第一步。

有了这些坚实的研究基础后，他就把自己确信的研究成果向世界发表了。结果，却引起了强烈的非议，甚至发生了宣称"种牛痘就会长角"的可笑的反对运动。

然而，面对这些攻击和诽谤，琴纳立场坚定，为了促进人类社会的福利事业，他不惜粉身碎骨，付出了艰苦卓绝的努力。仅仅在十九世纪，琴纳发明的接种法就把全世界数千万人从这种可怕的病苦中解救了出来。

1979年，世界卫生组织终于宣告，人类已经彻底根除了天花。

流芳百世、被誉为世界恩人的前辈们，无一不是靠崇高的理想和不懈的努力，开拓了荆棘之路。

27 黑暗中也可以看书

日本江户时代①中期，净土真宗②里有一位学识渊博的僧侣，名叫法霖。

法霖年轻的时候叫慧琳，十九岁时因讲解《选择本愿念佛集》③而被誉为绝代奇才。

后来，法霖与诽谤真宗的华严宗杰出僧人——凤潭展开了大论战，他撰写出五卷《笑螂臂》，把对方驳斥得体无完肤，因而名声大振。

法霖十七岁时，在鹭森别院④当役僧⑤。有一天傍晚，当班的僧人在检查寺院的防火安全情况时，发现正殿后面漆黑的角落里有个人在专心地读书，大吃一惊。

"谁在那里？"

"是我，慧琳。"

"这么黑的地方能看得见字吗？"突然被问到，慧琳不由得回过头来，当他再低头看书时，已经看不见字了。

大概是由于全神贯注地看书，所以虽然天色已暗，依然能看得见字吧。

有一次，朋友约慧琳去海里游泳。

"等一会儿！我读完这一段就走。"慧琳说着，但一动也不动。

朋友等了又等，慧琳却怎么也不肯停下来。

朋友等得不耐烦了，生气地说："你有完没完？不去就算了吧！"

"对不起！我随后追你们去，你们先走吧。这段太有趣了，怎么也停不下来。"

"那么，你戴着这顶帽子来吧！"

说着，朋友把一顶帽子横着扣在慧琳的脑袋上。

一直到了傍晚，慧琳也没去游泳。大家回来一看，慧琳还是那么横戴着帽子在专心地看书。

古语云："流水不腐，户枢不蠹。"人只有不断努力，才能成长进步。

①江户时代：江户即现在的日本东京。江户时代是指在江户设置政府的1600年至1867年。
②净土真宗：日本佛教的一个宗派，传播亲鸾圣人（1173年—1263年）的教义。
③《选择本愿念佛集》：由亲鸾圣人之师——法然上人著于1198年，当时在日本佛教界影响甚大。
④鹭森别院：净土真宗的大寺院，位于现日本和歌山县。
⑤役僧：在寺院负责处理杂务的僧人。

28

成功商家的"座右铭"

日本江户时代后期，有一位精通西洋文化的学者，名叫渡边华山。与其交往甚密的某位商人，有一次问起他做生意的秘诀，渡边华山便爽快地给他写下了几条商家"座右铭"：

○起床早于佣人。

○与大宗客户相比，更要重视购买少量商品的顾客。

○当顾客对所买的东西不满意而要求退货时，要比当初卖货时的态度更好。

○随着商店日趋繁盛，更要注意节俭。

○零用钱要从一文钱开始记账。

○勿忘创业初期的艰辛和目标。

○同行若在附近开店，要真诚对待，互相鼓励。

○开办分店，须为其供应食粮三年。

看来无论什么时代都提倡早睡早起，这是成功的秘诀，当然它也有利于健康。

一般商家往往都重视有钱人，而怠慢穷人。但其实应该注重穷顾客，做他们的朋友。

不管对自己来说怎样不利，也要站在对方的立场上，真诚地为顾客服务。这一点非常重要。

越是受到众人尊重，就越是要谨言慎行。

哪怕是一张小纸片，也是实现人生目的的必需品，绝不可随意糟蹋。

无论取得多大的成功，也要常常想起创业的初衷，不可懈怠偷懒。

倘若出现竞争对手，要把对手视为磨炼自己的菩萨，更加努力进取。

和气生财，"和气"的受益者绝非他人。为了满足服务对象，要不惜竭尽全力。

29

他人的长处应及时夸奖

加藤清正^①是一位一瞪眼睛，就连猛虎见了也会逃走的大将。尽管看上去如此威猛，但他实际上却非常和蔼可亲、德高望重，所以部下都把他当做慈父一样地敬重。

人们都知道加藤清正有个特点，就是在厕所里蹲起来没完没了。

有一天，深更半夜，加藤清正在熊本城里蹲厕所时，再三呼叫手下的人。

"请问大人，您有何吩咐？"侍童听见后跑过来问。

"我突然想起一件急事，赶快把庄林隼人叫来！"

庄林隼人由于感冒发烧正躺着休息，听说有急事，马上跟随来通知他的使者一起赶到熊本城。

这时，还在蹲厕所的加藤清正说："我叫你来，不是别的事，只是想问问你手下的那个一年到头总穿着暗红色坎肩、二十岁左右的年轻人，他叫什么名字？"

"哦，那是个侍奉我穿鞋的下级侍从，叫'出来助'。"

"噢，你还记得吧！就是那次大家一起去川尻看能乐^②表演的时候，我看见那个年轻人站在苇丛里小便。"

"他竟然在主君面前大不敬，做出如此失礼之举！"

庄林隼人一边因发烧浑身颤抖，一边再三替出来助认错说情。

"如果周围没有厕所的话，当然得找个僻静的地方解手，根本谈不上什么失礼不失礼！"

"哦？噢！"

"那次我看见他时，你猜怎么样？那个小伙子衣服里面还穿着连环甲，下面没打绑腿而是用了护腿。战乱已经平息，上下都对战备懈怠的时候，他能够治中备乱，精神实在可嘉。过后我差点把这件事忘了，刚才蹲厕所的时候，忽然想了起来。现在这么说话的工夫我要是死了的话，谁来提拔他呀？这么一想，不能等到明天了，不，甚至不能等我解完手。所以就在深夜把你叫了出来，挺难为你的，是想叫你把这些讲给出来助听听，好好地赞赏他呀！"

听到这里，庄林隼人的头痛也无影无踪了，他为主君的温情感激涕零，离开了熊本城。

三天后，出来助从一个下级侍从，一跃被提拔为六十石军饷待遇的武士。他对这么高的待遇刻骨铭心，从此更加尽忠尽力了。

"其慈悲之心犹如佛，日本人中之好人也！"

难怪当时的朝鲜国王也如此敬重这位加藤清正。

①加藤清正（1562年—1611年）：日本安土桃山时代的武将。从小跟随丰臣秀吉，屡建战功，后受封为熊本城城主。
②能乐：日本的传统文艺之一，始于日本室町时代。演员和着笛、鼓的伴奏边唱谣曲边表演。

30

算盘的启示

日本九州博多①的圣福寺②有个法号叫仙厓③的和尚，有一次，他画了一张画，画的是账本和算盘，还在画卷上题了如下警句：

"抬高手边则跑走，放低手边则聚来。勿忘！勿忘！"

算盘这种东西，把手边一侧抬高了，珠子就噼里啪啦地跑到另一边去；相反，手边一侧放低了，珠子就会噼里啪啦地聚到自己这一边来。

同样道理，商品质量不好再抬高价格，顾客就会纷纷离开，去别家商店。而如果提升质量，再降低价格，那么客人就会纷至沓来涌向自己这一边，生意就会兴隆。

仙厓告诫人们，要切记这个简单的道理，千万不要忘记。

社会上的确有一些昧着良心的不法商人，明目张胆地以"生意如屏风，不曲则不立"④之谬论为借口，采取各种卑鄙手法欺骗顾客，但他们的生意绝不会因此而成功。

正如人们常说的，"轻易地发了大财，就会轻易地失去"。如果靠不法手段赚钱，也许一时会赚到钱，但失去了信用，必然会阻断自己的后路。

信用是无价之宝。储蓄的"储"字，左面是"信"，右面是"者"，不就是指钱会聚集到"有信用者"的手里吗？

① 博多：现在的日本福冈县福冈市博多区。

② 圣福寺：日本临济宗的寺院。

③ 仙厓（1750年—1837年）：日本江户时代的禅僧，美浓（今岐阜县）人。

④ "生意如屏风，不曲则不立"的意思是说，屏风如果不折成弯曲形状，就不能稳固地站立。同样，做生意也要以歪曲手段欺骗顾客，否则难以成功。本文旨在批判这种谬论。

31

天底下没有不偷鱼的猫

丈夫下班回到家，发现妻子站在家里，拿着棍子还拉着架势。

"哎？你站在那里干什么呢？"

"噢！你回来了。可气死我了！"

"到底怎么了？"

"今天我买了你喜欢吃的鱼，花了好多钱呢！我把鱼放在菜板上，正好锅里的米饭熟了，就去把火弄小一点。这时，我回头一看，哎呀！你猜怎么样，鱼没了！竟然被家里的猫叼走了！这只猫还逃到沙发底下去了。我怎么喊它，它也不出来，就是一个劲儿地瞪着眼睛喵喵地叫。真气死我了！"

"噢，这么回事啊！不过，你能不能再冷静地想一想。猫知不知道这是主人喜欢吃的鱼，而且还是花了很多钱买来的呢？"

"那，猫怎么会懂得这个？"

"那么，偷鱼的，就只有家里的这只猫？"

"那倒不是，哪里的猫都会偷鱼。"

"让猫把鱼偷走的主妇，你说她是聪明还是糊涂？如果这件事让佛来裁决的话，大概得让你这个原告负担诉讼费吧?!"

"好了，我不打猫了!"

"不! 要打! 要打!"

"猫没有什么不对呀!"

"那么是谁不对呀?"

"是我错了呀!"

"那就拍你自己的脑袋吧!"

猫爱吃鱼是自古以来的常理。

人之所以会生气痛苦，原因都在于认为自己是正确的。

32

是什么让德川家康夺得天下？

在德川家康的一生中，只打过一次败仗，那就是三方原之战。如果说正是这次败仗使德川家康夺取了天下，可能很多人都会感到意外吧。

三方原位于滨松市西南方，是一块东西八公里、南北十二公里的台地。交战发生在元龟三年①十二月二十二日，当时德川家康三十一岁，他率领一万一千人的军队与武田信玄②两万五千人的大军发生了激烈的冲突。结果，德川家康惨遭失败。

面对当代屈指可数的名将——武田信玄的进攻，应该采取什么对策呢？

织田信长主张采取固守城池的持久战，而德川家康则认为应该积极迎战。当时德川家康因脱离了今川氏③的长期禁锢，心理上有种解脱感；加上曾攻破浅井、朝仓等强有力的大名④，建立了自信，这些都使德川家康产生了"武田信玄不足惧"的轻敌意识。

而武田信玄因为知道滨松城堡垒坚固，所以采取了大胆的欺诈战略，把德川家康引诱到三方原，充分发挥了驰名日本的武田骑兵队的战斗优势。

德川家康咬上了武田信玄投下的诱饵，他对自己的年轻幼稚追悔莫及，但已经无可挽回了。

德川家康九死一生，仓皇逃回了滨松城。

"知己知彼，百战不殆"；"不知彼，不知己，每战必殆。"⑤

这句《孙子兵法》中的名言，德川家康在三方原之战中得到了印证。

但是，德川家康的伟大，在于他能够深刻反省自身的骄傲和轻敌是导致失败的原因，并借此以武田信玄为师，学到了他的战略战术。

三方原之战后过了二十八年，在与石田三成⑥争夺天下时，德川家康巧妙地运用了三方原之战中得到的教训。

首先，为了让石田三成等反德川的势力举兵，德川家康特意亲自出马讨伐上杉景胜⑦，制造圈套。在决战前夕，德川家康又放出假情报"攻打石田三成的据点——佐和山城"，以此成功地将据守在大垣城的西军诱至关原，一举歼灭。

德川家康完全模仿了武田信玄当年对自己采取的战术。

能否将失败转化为成功之母，在于如何对待失败。

---

①元龟三年：1572年。

②武田信玄（1521年—1573年）：日本战国时代的武将。

③今川氏：日本战国时代的领主。德川家康从八岁到十九岁期间，作为人质一直生活在邻国今川氏的领地内。当时实力弱小的德川氏，只能在强大的今川氏的指挥下行动。但后来今川氏败于织田信长，德川家康获得解放，于是和织田结成了军事同盟。

④大名：拥有广大领地的武士领主。1570年，德川家康二十九岁时，大败滋贺县大名浅井和福井县大名朝仓。

⑤《孙子兵法》原文为："知己知彼者，百战不殆；不知彼而知己，一胜一负；不知彼，不知己，每战必殆。"

⑥石田三成（1560年—1600年）：日本安土桃山时代的武将。

⑦上杉景胜（1555年—1623年）：日本安土桃山时代的武将。

33

人，都有"老"的时候

从前，印度的巴拉那国有一条不人道的法律：男人一到六十岁，就必须从子女那里要一块坐毯，做家里的看门人。

有个穷困潦倒的男人，因妻子早逝，自己一手抚养两个儿子长大。这一年，他也到六十岁了。

大儿子不懂得父亲的养育之恩，好像自己很容易就长大了似的。一天，他吩咐弟弟说："找张坐毯给爸爸，让他看门！"

孝顺的小儿子一时不知该怎么好，无奈，他从放杂物的小屋里找了张坐毯，并把坐毯剪成了两块。

"爸爸，非常对不起。哥哥有吩咐，从今天开始您就要给家里看门了。"

他含着泪水，把其中的一块坐毯交给了父亲。

"你为什么不把坐毯全部拿给爸爸呢？"

哥哥对弟弟的做法百思不解。

"哥哥！家里没有多余的坐毯。如果把仅有的一张全都给爸爸用的话，日后一旦需要，就不好办了。"

"日后需要的时候不好办？那种东西，谁会用啊？"

哥哥更加不明白了。

"人不会永远都年轻的! 剩下的一块是为哥哥你留的呀!"

"胡说! 我怎么会用那种东西?"

"那是给哥哥六十岁时用的。到那时, 如果没有坐毯的话, 哥哥的孩子们该多么为难啊!"

"噢, 我也有被孩子们逼做看门人的时候啊!"

哥哥愕然意识到这条法律太不人道, 于是和弟弟奋起反对恶法, 终于成功地将其废除了。

虽听说"今日他人事, 明日到己身", 可我们总是侥幸认为不会有轮到自己的那一天, 连最确切无疑的未来都意识不到。

34

有智者无怒

　　有一次，一个年轻的邪教徒来到释迦牟尼佛面前，肆意谩骂。

　　释迦牟尼佛平静地听他骂完，然后心平气和地问道："你在节假日宴请招待过亲朋好友吗？"

　　"有啊！"

　　"那时，如果你的亲戚朋友不吃你准备的饭菜，这些饭菜最后是属于谁的呢？"

　　"不吃就还是我的啊！"

　　"你在我面前破口大骂，如果我不接受的话，这些胡言乱语到底是属于谁的呢？"

　　"即使你不接受，既然已经给你了，就是属于你的啦！"

　　"不对。你说的那些话，不能算是属于我的。"

　　"那你说，怎么样算是接受了，怎么样算是没接受呢？"

　　"被谩骂的时候，还对方以谩骂；被激怒的时候，还对方以愤怒；如果人家打了你，你就还手打人家；面对对方的挑衅，你就还以争斗。这些叫做接受了人家给予的东西。反之，如果毫不介意的话，即使对方认为是'给予'了，也不能说是已经'接受'了。"

"那么，你无论被人怎样谩骂都不会生气吗？"

释迦牟尼佛严肃地以偈答道："有智者无怒。任凭狂风吹，心中不起浪。以怒报怒，实乃愚者之所为也！"

"我错了，我真是个傻瓜！对不起，请您宽恕我！"

信奉邪教的年轻人顿时落泪跪拜，皈依了佛教。

35

生气的时候，数数一、二、三

日本东京上野动物园的河马怀孕了，大家都期待着小河马的诞生。

可是，生下来的河马却是个死胎，令大家扫兴不已。一查原因，原来在河马怀孕期间，动物园要把它搬到其他房间住，不知道河马是怎么想的，它大发雷霆。据诊断，河马生气竟是导致胎儿死亡的主要原因。

还听说过这样的事情，在街上有人发生了口角，后来吵架的人正要举手殴打对方，却倒在地上猝死了。

人们常说，人一生气，就会分泌出一种毒素损害身体。

从前，大乘法师也是因为一念之怒，丧失了连续四十年诵读《法华经》的功德。

人在怒火中烧时，会生出平时意想不到的可怕的念头，做出粗暴的举动。结果，就会葬送自己的前途。

然而这时候，如果稍微冷静一点，想想自己为什么生气，想想到底哪个地方令自己不满意，那么，愤怒就会像阳光下的雪花一样，消融而去。

如果明明自己是正确的，却遭到误解甚至诬蔑，也没有必要去责怪对方。总有一天误会会化解，那时，对方会主动地向你道歉。因为，真实是无敌的。

如果发现自己有缺点，按照古人"过则勿惮改"的教导，立即改正，以求进取即可。

明知错在自己却不肯承认，强词夺理，肆意发怒，这种行为愚蠢透顶。实际上，发过火后的滋味，不是最令人感到难受的吗？

我们不可忘记贤达的告诫：自己生气时，数数一、二、三；对方发火时，要置之不理！

36

骄 兵 必 败
太平洋战争的转折点

中途岛海战，是太平洋战争的戏剧性转折点。

当时无论从实力还是从战局来看，日本舰队都处于明显的优势，但为什么却吃了败仗呢？

事情发生在太平洋战争开战六个月后的1942年6月5日。

日本投入中途岛海战的兵力有"赤城号"、"加贺号"、"飞龙号"和"苍龙号"四艘正规航空母舰和两艘战列舰，此外还配备了两艘重巡洋舰、一艘轻巡洋舰和十二艘驱逐舰，可谓阵容齐整、声势浩大。

而美国的机动部队，在三艘航空母舰中，真正拥有航空部队的只有"企业号"。"大黄蜂号"的航空部队刚刚编成，"约克城号"航空母舰在一个月前遭到重创，这一次是突击修理后重新上阵。

至于美军配备的其他舰只，只有七艘重巡洋舰、一艘轻巡洋舰和十七艘驱逐舰。虽然数量凑齐了，但没有配备战列舰，而且，这些舰只也没有共同作战的经验。

比较一下双方的舰载飞机，日军方面是二百八十五架，而美军方面是二百三十三架，且性能的优劣也显而易见。

尽管日强美弱实力相差如此悬殊，但战争的结果却是，日本丧失了四艘主力航空母舰和全部舰载飞机，从而使战局发生了逆转。

美国的战史作家华特·劳德给"中途岛海战记"取了这样的标题——《令人难以置信的胜利》。

日本为什么会失败？

山本五十六大将率领的日本联合舰队，自攻打夏威夷以来，在印度洋、爪哇岛、澳大利亚战役中连战连胜，导致日本舰队滋生了骄傲之心，自负为天下无敌。

在最初的夏威夷以及菲律宾作战中，日军曾经慎之又慎，推敲战术，对部队的训练也一丝不苟。而常胜的结果，使日本联合舰队在精神上松弛了下来。

"胜者灭亡非因外敌，而是源于自身的骄傲之心。"

忘记历史教训的日本海军，掉进骄傲自满的陷阱里了。

37

荷花凋落时，即是浮起时

从前，在京都有个勤快的蔬菜店老板。老板手里有百两重金，因担心被盗，终日提心吊胆，夜不成眠。

有天夜里，佛给这个蔬菜店的老板托了个梦。

"卖菜的老板，最近将有大盗来临。那时，你得明确回答他说：'要钱没有，要命一条！'如果照我说的话去做，就不要紧了。"

蔬菜店的老板听后，吓出一身冷汗就醒了。

不出所料，有一天夜里，大盗果然来了。

"喂！老头！想要活命，就把钱交出来！"

噢，托给我的梦说的就是眼前的事啊！蔬菜店的老板果断地回答："要钱没有，要命一条！"

盗贼听后吓得慌慌张张地逃跑了。

日后这个大盗贼被抓住了，他叫石川五右卫门①。

石川在受审时说："我这一辈子感到害怕的，就只有那一次。"

看来，如果能把生命豁出去的话，就没有做不成的事情。

"荷花凋落时，即是浮起时。"

当人下定决死之心的时候，生路自然而然地就会向他敞开。

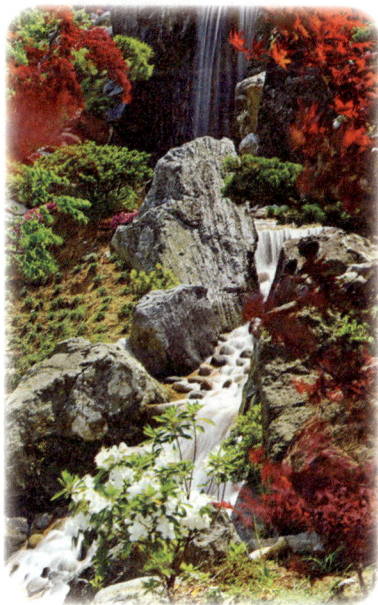

38

贪小便宜吃大亏

　　傍晚时分，在一条偏僻的山间小路上，有个农夫牵着一头大牛，急急忙忙地赶路回家。这头牛似乎是农夫最重要的财产，农夫一边赶路一边不断地回头照顾着他的牛。

　　不一会儿，农夫后面出现了两个鬼鬼祟祟的男人，其中一个对他的同伙说："喂! 我偷那头牛给你看看吧!"

　　"那么大的牛，就算你是神偷也没法偷来吧?"同伙歪着脑袋问。

　　"好! 那索性偷个试试，让你看看我的本事!"

　　原来这两人都以偷盗为业。

　　说要偷牛的那个男人，加快了脚步追赶上去，超过农夫后，他走到拐角处的地藏庙，转眼间不见了踪影。

　　农夫觉得前方昏暗的地藏庙的角落里，好像有个什么东西。走过去拾起来一看，嗨，这不是一只新皮靴吗?!

　　"好不容易捡到了这么好的东西，可惜是一只，没用!"

　　他一边遗憾地嘟囔着，一边扔掉靴子，继续赶路。走了一段路后，他又发现了一只靴子。拾起来一看，和刚才捡到的那只靴子是同一双。

"如果和刚才那只靴子配起来的话，就是一双新皮靴啊！太好了！"农夫暗自高兴。

　　"这是一条没人走的山道，刚才看见的那只靴子肯定还在那里。"

　　农夫把牛拴在路边的树上，飞快地跑了回去。一看，果然不出所料，靴子还在那里。

　　"今天运气真好啊！白白捡到这么好的靴子……"

　　喜出望外的农夫返回来找牛，却发现自己赖以为生的牛已经无影无踪了。

　　为了眼前的蝇头小利而利欲熏心，却因此失去了最重要的东西，这种人在社会上何其多啊！

39

迷信与种萝卜

有个人叫太郎，他非常迷信。有一天，他下田去种萝卜。路上，遇见住在附近的春子，她正捂着脸颊一路小跑。

"春子！你怎么啦？"

"闹虫牙，昨晚牙疼得一夜没睡着，正要去看牙医。"

"虫芽？！不吉利。这种日子种萝卜的话，长不成好萝卜！"

太郎气哼哼地回家了。

第二天，太郎一出门，碰上了邻居弥兵卫。当两人擦肩而过时，正巧弥兵卫裹在头上的毛巾掉了，太郎替他拾起来交给了他。弥兵卫行礼说："谢了！"

"什么？！这个家伙怎么跟我说'谢了！'多么不吉利呀！叶子都凋谢了的萝卜，怎么能长得好呢！"

太郎又生气地回家了。

第三天，太郎下定了决心："今天我不管碰见谁，绝对不说话！"

可是，倒霉的是，对面走来的人不是村长吗？按说，见了村长该打个招呼。于是，太郎一上来就先堵村长的嘴说："村长，早安！我对您有个请求，今天，请您什么也不要对我说，赶快走吧!"

"为什么? 是我说话不中听?"

"不，不是您的问题……"

太郎就把从前天到昨天为什么没种成萝卜的前前后后诉说了一遍，请求村长谅解。

村长听后哈哈大笑说："太郎! 你怎么尽说些没根没据的话呀!"

"啊?! 要是没根，那怎么算是萝卜?"就这样，太郎又没有种成萝卜。

看来，不破除迷信，连萝卜也种不成了。

然而，迷信根深蒂固，又有多少人能耻笑太郎呢?

40

真正能成就事业的男人

亚历山大大帝，是一个企图称霸世界的帝王。他在世时，国内有一个流浪哲学家，叫第欧根尼。

第欧根尼以木桶为家，有时出现在城镇，有时则出没于乡村，循循善诱地教导过很多人。

亚历山大大帝听了他的事情后，十分感动，想奖赏他，于是派人去叫他。

"我没有要找大帝的事，谁有事就该让谁来找我！"第欧根尼当即拒绝了。

于是，亚历山大大帝亲自出马来见第欧根尼。

"你循循善诱地教导了很多国民，朕由衷感谢！你想要什么尽管说出来，朕一定会满足你！"

正在那里舒舒服服地晒太阳的第欧根尼听后，断然回答道："眼下如果说我最想要的，就是你从我面前走开！像你这么大的块头，把阳光都挡住了，我还怎么晒太阳！"

威震四海的亚历山大大帝之权威，在这个第欧根尼面前，简直轻如粪土，一文不值。

日本历史上有个加贺国①，统领此国的大名因其领地富庶，岁收稻米百万石，所以被称为"加贺百万石大名"。这位大名得知小林一茶②的名气后，便吩咐手下人，请小林一茶务必为自己写首俳句。

家臣拿出诗笺后，一茶便往砚台里吐了口唾沫研墨，之后，用一支秃头的毛笔挥笔写道："家产悠悠百万石，亦如朝露转瞬逝。"

日本明治时期③的大政治家——西乡隆盛④曾说过："没有比那些不要金钱、名誉、地位，以至于生命的人更难以对付的了。然非此种人，不能成就真正的事业！"

①加贺国：相当于今日本石川县南部。
②小林一茶（1763年—1827年）：日本江户后期有名的俳句作家。
③明治时期：1868年—1912年。
④西乡隆盛（1827年—1877年）：萨摩藩（今日本鹿儿岛县）人。日本明治初期政治家，推翻德川幕府，完成明治维新的中心人物。

41

高材生们做不到的事情

在战争中，奇袭战术有时能产生起死回生的效果，扭转败局带来胜利。

以悲剧性武将而著称的源义经[①]，乳名牛若丸，他可谓奇袭战术的名将。

源义经奉兄长源赖朝[②]之命与平家[③]作战，他将平家逼至摄津一谷、赞岐屋岛、长门坛浦[④]等地，最后将其歼灭。

研究源义经的作战经历，人们会为他的鲁莽而惊讶。

在摄津一谷的会战中，虽然军师进言"此举不合兵法，纯属乱来"，但他不加采纳，竟然从险峻的山崖上冲下奇兵，自后方一举攻进平家大本营，令其溃逃。

坛浦会战中源义经的飞走八船[⑤]，即使多多少少有被世人渲染夸张的成分，也实在不像是一军大将之举。

奇袭是指抓住良机，以少胜多的突然袭击战术。如果遇到沉着冷静的对手，奇袭甚为危险；然而一旦成功，则会令对方惊慌失措，不战而逃。

在决定了第二次世界大战胜败的中途岛海战中，日本的联合舰队在数量上远远超过了美国。比美军强大好几倍的日本军队，为什么会惨败给美军呢？

可以说，美国胜利的原因在于其指挥官的"勇莽"。

在日美海战中，美军的奇袭战术每次都给美国带来了胜利。而且，中途岛海战中的尼米兹大将、珊瑚海海战中的弗莱彻少将、南太平洋海战中的哈尔西中将以及马里亚纳海战中的史普鲁恩斯大将等都是猛将，与智将相差甚远。据说，史普鲁恩斯和哈尔西当初上学时，曾被学校的高材生当做傻瓜对待。

在日俄战争中率军作战取得辉煌胜利的东乡平八郎⑥元帅，在开战前也一直是"靠边站"的海军中将，与军事上的杰出人物是相反的类型。

也可以说，正因为东乡平八郎不是学校的高材生，所以才会在敌军眼前掉转船头进行攻击，采取这种让人觉得莽撞的战术⑦。

追求完美，凡事都谨小慎微的高材生们，好像与奇袭的胜利无缘吧！

①源义经（1159年—1189年）：日本平安时代末期的武将。灭平家后与兄长源赖朝不和，投靠东北地区的藤原。后遭背叛，自杀而死。

②源赖朝（1147年—1199年）：日本镰仓幕府第一代征夷大将军。

③平家：日本平安时代以"平"为姓的氏族，于平安时代末期建立了平氏政权，与源氏相争。

④摄津一谷、赞岐屋岛、长门坛浦：都是日本历史上源氏和平氏相争的战场。分别位于现在的日本兵库县神户市、香川县高松市、山口县下关市。

⑤飞走八船：坛浦之战中，源义经只身跳到平氏船上与其作战，并从一艘船跳到另一艘船，连续跳了八艘船进行战斗。

⑥东乡平八郎（1847年—1934年）：萨摩藩（今日本鹿儿岛县）出生的军人。日俄战争时，任联合舰队司令官，在日本海海战中歼灭了俄国波罗的海舰队。

⑦1905年日俄战争中，日本联合舰队司令官东乡平八郎采取了用常识难以想象的丁字形作战战术。即在俄国军舰眼前掉转船头，将船队侧身排成一行，以增大炮火威力，集中攻击俄国先头军舰的战术。

42

不要闯入男人的禁地

他是个公司职员。

他暗暗瞧不起的B，在人事调整中被晋升为课长。这在他们同一批进公司的人中还是第一个。

他很受打击。

但是，听到消息后，他还是跑到B跟前，拍拍B的肩膀，握手说："嗨! 恭喜恭喜! 太好了! 太好了!"

输给了B，他虽然感到很懊丧，却强装不在乎。

接着，同一批进公司的人理所当然地聚在一起，为B开了个庆祝会。

大家心底都一样，不想让别人知道自己在故作镇静。

意识到屈辱是可怕的，要将其控制在一定范围之内——男人的这种心理，不是很可怜吗?

疲惫不堪的庆祝会后，还有难关在等待着他们。

一推开家门，妻子迎了出来。

"呦，又喝酒了吧?"

"嗯，B今天当上课长了。"

"噢! 是为他开庆祝会了吧?"于是妻子开始追问谁和谁

晋升了。

"同一批来的人先当上了课长，你还挺无所谓的！"

"那也不能同批来的人都一齐当课长呀！"

"那就你当呀！"

"不！B 很优秀，很称职！好了！我要洗澡睡觉了！"

"你真是没志气！"

"不打肿脸来充胖子就活不下去"，这种男人的心酸心理，妻子一点都不懂，也没想去了解。

如果是聪明的妻子，会觉察到丈夫的情绪，不去触及。恶妻当然不会注意到，只对男人表面上的言行信以为真，而严厉追问。

妻子不可以毫不客气地闯入男人怀有自卑心理的领地。到时就不是靠打肿脸充胖子能撑得过去的了。

43

他不需要那么大片的土地

从前，有两个相邻的国家，一个是大国，一个是小国。

大国人口稀少，但土地辽阔，有很多土地闲置着；而小国人口密度大，人们互争狭窄的土地，国内拥挤不堪。

一天，大国的国王对小国的农民们贴出了布告："凡来我国定居者，想要多少土地就给其多少。"

"国王陛下，您说要多少给多少，是真的吗?"小国农夫半信半疑地来到大国问道。

"我不会说谎。光说一望无际也没有个具体界线，这样吧，你们一天之内能括起来多大土地，我就把那块土地分给你们。不过，有一个条件。你们要在早晨太阳升起时出发，每次拐弯时打桩做个标记，而在太阳下山之前必须返回出发地。其间是走是跑随你们的便，但要注意，哪怕晚了片刻，我一寸土地也不给。"

农夫们想象着将要得到的广阔土地，兴奋不已。

马上，有个农夫报了名。第二天，太阳一出来他就出发了。最初他只是走路，走着走着逐渐加快了脚步，后来就变成小跑，接着，他大步奔跑起来。因为跑比走能够得到更广阔的土地。

当然，尽管到了必须打桩拐弯的地方，农夫还是被欲望驱使着向前奔跑。看到太阳已经升到头顶，农夫才大吃一惊，打下木桩向左拐，又接着跑起来。午饭也是边跑边吃的。下午尽管已极度疲劳，但他脱掉了衣服和鞋子还是继续奔跑。太阳已西斜了。农夫的脚受了伤，流着血，心脏随时都会炸裂似的。然而，如果现在倒下了，一切就会化为泡影，他拼命地向着出发时的小山坡跑去。

总算没白坚持，在太阳落山之前，他跑回来了。但同时他突然倒下，一动也不动了。

国王命令侍从挖了个不到一平方米的坑，掩埋了农夫，自言自语道："这个农夫并不需要那么大片的土地，只要一块能容下他身躯的地方就够了。"

岂止农夫，人都是被欲望所杀。

44

我也是鞋匠
亲民的铁血宰相

德国的"铁血宰相"俾斯麦①有一天去乡下看他收购的土地。

在农村，每逢火车进站，就有很多人聚集而来，看今天来的是些什么人。看上去稍微有点来头的人物一下车，村里便立即传得沸沸扬扬。

村中有个好事的鞋匠，是个好奇心比谁都强的"小广播"。

当身高一米八零、体重一百二十公斤，魁伟高大的俾斯麦下火车时，当然逃不过这个"小广播"的视线。

俾斯麦出了站台坐在凳子上，开始吸雪茄。

鞋匠好奇地注视着今天来的这位好汉，小心翼翼地走到俾斯麦跟前，想打听出什么新消息来。

"对不起，您是从柏林来的吗？"

"是的。"

"先生您看起来体格非凡，请问您是做什么的啊？"

"你呢？"

"我是乡下的穷鞋匠。"

"我也是鞋匠！"

俾斯麦随意地回答着。过了一会儿，一个穿着制服的交通官走过来毕恭毕敬地说道："阁下，那边已经为您准备好了马车。"

鞋匠大吃一惊。

阁下？鞋匠？咦？

"我这可是太失礼了！"鞋匠深深道歉。

"哪里哪里。你要是来柏林，欢迎到我的工厂。威廉大街七十六号。"俾斯麦说完，微笑着告别而去。

有谁能知道，这人就是俾斯麦呢。

号称"铁血宰相"的俾斯麦，也拥有着不论贵贱和蔼相待的"平民宰相"的一面。

①俾斯麦（1815年—1898年）：德国近代史上杰出的政治家和外交家，统一德国的代表人物。手腕强硬，有"铁血宰相"之称。

45

果不其然，看起来水是尽了

"一支箭一折就断，把三支箭捆在一起就折不断了。"

据说，毛利元就①曾这样教育自己的三个儿子。在日本战国时代②的武将里，毛利元就尤以足智多谋闻名。

毛利元就从二十一岁初上战场到七十五岁去世为止的五十五年之间，共经历了大小二百二十六次交战，平均每年打四次仗。

结果怎样呢？他从一个只拥有少许领地的小城主起家，逐渐统治了安艺、备后、周防、长门、石见、出云等地，最终称霸了日本的中国地区③。

攻打石见的青屋友梅时，毛利元就围了城，坐等城内用水枯竭。

青屋友梅也是个很有智谋的武将，他让部下把马牵到毛利元就军队看得见的地方，用米洗马。从远处看上去，就好像在用水洗马一样。

连手下的老臣都劝毛利元就改变战术，但他没有采纳。

数日后，毛利元就派井上光亲作为使节去见青屋友梅。青屋友梅郑重地款待了井上光亲，席间，他说道："我喜欢马，给你看看消遣一下。"

说着让人牵出了五六匹马来，并在盆中盛满了水，命手下人用水给马洗头漱口。

井上光亲失望地回来向毛利元就汇报，毛利元就听后说："果不其然，看起来水是尽了。"

于是愈发加紧包围。不久，青屋友梅就开城投降了。

毛利元就具有识破对方谋略的洞察力。这种洞察力，除了先天因素外，一定是废寝忘食、脚踏实地地刻苦磨炼出来的。

毛利元就晚年曾说过："连睡觉的时候，心也没歇过。"由此也可略见一斑。

"避开众人常行路，才见鲜花满山峦"。

真实，往往存在于与众人相反的想法里。

46

我最爱婆婆

某个地方，有一户人家娶了一位虔诚信佛的儿媳妇。

在一个初夏的夜里，因雷击失去了丈夫的婆婆，被激烈的闪电、天地间轰响的雷鸣吓得一个人躲在蚊帐里浑身颤抖。

儿媳妇早就担心对雷电神经过敏的婆婆，于是从二楼下来，钻进婆婆的蚊帐，紧紧抱住婆婆安慰道："婆婆，在蚊帐里不用担心的，雷是电，穿不透用麻线织成的蚊帐。就是死，也有我和你在一起。"

儿子见妻子去了好久还不回来，于是担心地走下楼来。他看到妻子抱住自己的母亲，非常感动。

"你那么爱我妈妈吗？"回到房间后，丈夫问妻子。

妻子答道："你是世界上我最爱的人，而用心血养育了你的是你妈妈，所以她也是我最爱的人。"

一个家庭能娶到这样的儿媳妇，定会充满欢乐；一个男人能有这样的妻子陪伴，必会幸福美满。

被杀死过二十四次的老婆婆

日本古时候有一个丹波国①，国中有个活了一百二十多岁的老婆婆。

一天，有人来拜访这位老婆婆。

"在您漫长的一生中，一定有过不少新鲜事或趣闻吧，请您讲一两件给我听听好吗？"

老婆婆摇摇头回答说："是有过很多事情，只是我上了年纪，脑子糊涂，都忘了。"

来访者想到她已一百二十多岁，倒也理所当然，但还是不死心，于是又问："哪怕是一件事也好，您再想想好吗？"

"你实在要问的话，我就说吧。我只有被杀死过二十四次的痛苦记忆。"满脸皱纹的老婆婆蹙起眉头，低声说道。

现在活得好好的一个人，却说被杀死过二十四次，这到底是怎么回事？来访者奇怪地询问老婆婆，老婆婆就吞吞吐吐地讲述了起来。

"我活到这个岁数，生育了很多儿女，还有了很多孙子、曾孙子。黄泉路上无老少，儿女比我先离开了人间，孙子、曾孙子也相继死去。到今天为止，家里一共给二十四个人办

过葬礼。每次来吊唁的人，虽然在我面前不说什么，但我能听见他们在隔壁房间里说，'要是换成那个老太婆就好了'。外人还客气，只在背后说说。而孙子、曾孙们则在我面前这么说。每一次，我不都等于被杀死了一样吗?!"

老婆婆伤心地说道。

常言道"祸从口出"，不知不觉中，我们不知伤害甚至杀死了多少人。一定要仔细反省自身的言行啊。

①丹波国: 日本旧国名，现在的京都府。

48

笨蛋！啊……我真是个笨蛋

推销员拜访一户人家。

"对不起，夫人在家吗？"

夫人一脸不耐烦地出现在门口，板着脸问道："有事吗？"

"噢！夫人不在吗？"

夫人愈发不高兴，不客气地说："我就是！有什么事吗？"

"咦？您就是夫人？"

推销员急忙点头哈腰，一边展示带来的商品目录，一边说："啊，您就是夫人啊！真是太失礼了。说实在的，夫人这么年轻漂亮，我还错以为是贵府千金呢，实在对不起！"

人都是骄傲自负的，即使是一眼就能看穿的奉承话，也会因此得意忘形。这么一句话，使得夫人顿时像个孩子一样，态度大变。

"噢，你真会说话。那是什么？有没有我需要的东西？给我看看。"

正如雨过天晴。

推销员巧妙地抓住了女性微妙的心理，可以说这是他智慧的胜利。

人生中，像下面这样的机智也是必要的。

一天晚上，店长在走廊拐角处，被人猛地撞了一下。他大吼"笨蛋!"——这是他平时批评店员时惯用的话。

店长刚刚骂出口，却马上发现对方是总经理，于是他赶忙捂住了自己的嘴。

"啊……我真是个笨蛋……总经理晚安!"说着，给总经理深深行了一礼。

"哦，是店长啊!"

对店长的"机智"，总经理想怒不能怒，只好苦笑着走了过去。

当然，对任何人都不能随意骂人家"笨蛋"，但到了"急中"还需要生出这种"智"来。

49

为什么孩子不回答
真正的教育

一位大学教授曾深有感触地说过这样一件事。

"我有个五岁的儿子，半年前，谁叫他，他都会响亮地回答一声'哎!'可是，不知为什么，最近变得不吭声了。

"仔细一想，原因好像在我身上。我工作忙得不可开交时，妻子叫我，我也常常不回答，依旧埋头工作。孩子似乎是跟我学的，别人叫他时，他也不吭声了。

"我觉得一定要纠正孩子的这个缺点，于是想办法做了各种尝试，但丝毫不见效果。

"最后我发现，最重要的是要从自己做起。于是从那以后，无论谁叫我，我都大声地回答。

"结果怎么样呢? 不知从什么时候起，孩子也开始大声地回答了，家里又重新恢复了欢乐的气氛。"

几十年前就已大学毕业的父亲，一直拼命工作到了今天，却依然在为生活而辛苦奔波。做孩子的实在不能理解，为什么母亲还是发疯似的对自己说:"要用功! 要用功! 一定要考上大学! 这是父母唯一的期望! 你一定要学习! 学习!"

按说，父亲已经证实了即使辛辛苦苦地考进大学，好不容易完成学业，也并不一定能得到幸福。而自己又难以比勤奋工作的父亲更加努力。

"我是不是没有生存下去的能力？"望着父母的身影，有些孩子开始丧失自信，由忧虑、担心到提心吊胆、坐立不安，甚至变得神经衰弱，走上轻生的道路。

身教，才是真正的教育。

50

不服从命令的船老大

锅岛加贺守①为赶赴江户，乘船过濑户内海，计划当天到达大阪。

当时的天气，万里晴空没有一丝乌云，也未起风，可是船老大突然大声叫喊着让船员们卷起船帆，要将船停靠在高砂海湾。

加贺守曾数次渡海前往江户，对日本西部的海上情况很熟悉。

"这到底是怎么回事？"加贺守命人把船老大叫过来，严厉地质问道。

"十分抱歉！天气看上去将要骤变，不可大意。我担心大人万一有什么闪失，所以暂时停止出航。"

"蠢货！看看这天气！这种时候怎么可能有暴风雨？没关系，赶快开船！"

面对严厉的命令，船老大没有争辩，默默地退了下来，但他更忙着把船靠向海湾。

"你想违抗我的命令？如果天气不变，就砍你的头！你做好准备！"

"知道了，大人。如果天气不发生骤变，对大人来说，没有比这更好的事了。我愿切腹谢罪！"船老大断然回答。

说话间不到一刻钟的工夫，突然乌云密布，狂风大作，波浪奔腾。船老大指挥着船员们，终于闯过了九死一生的险关。

完成重任后，船老大把自己十四岁的儿子叫到跟前教诲说："船老大一旦掌舵，便不可接受任何人的指示。即使失去生命也要按照自己的信念来掌舵，这才是船老大。今天的事情，万万不可忘记！"

加贺守甚为钦佩赞叹。

只有不屈服于任何权威与恫吓，坚守自己信念的人，才是真正的行家。非真行家，不能成大事。

① 锅岛加贺守：日本江户时代，统治现佐贺县和长崎县一带的大名。

51

无路可逃，才会拼死奋战

中国的军事天才韩信，于公元前204年突破了黄河的守备，生擒魏王和代国宰相夏说，连战连胜，以破竹之势进击赵国。

"无论韩信之兵多强，也不过几千而已。并且远离本土千里远征，军队极度疲劳，我军可堂堂正正地以一击取胜。"出此豪言的赵国大将——成安君陈余，随即率领二十万大军迎击韩信。

实际情况确实如此。但这位大将却忘记了韩信是个用兵的天才，因此造成了令其悔恨终生的失误。

韩信进兵过河，背河列阵，这就是举世闻名的"背水之战"。

赵国官兵从远处看到这个违背用兵原则的阵式，大肆嘲笑。因为在河流附近布防时，为了使河流成为消减敌军威力的障碍，一般都在河流后方布阵。

赵军看准现在正是时机，全力发起进攻。然而韩信的军队由于后面是大河没有退路，于是殊死抵抗。赵军苦战不胜暂时退却，却在退兵时，遭韩信军队前后夹击，很快就崩溃了。

　　结果，赵国大将成安君陈余被斩，赵王歇被活捉。

　　后来有人问韩信为什么违背用兵原则背水布阵时，韩信回答说："背水布阵的确是自断退路，会使自己陷入最危险的境地，但也正因如此，士兵才能拼死奋战。我军的正规军几乎都被撤回本土，现在的主力大多是在占领区征来的新兵，很遗憾尽是些乌合之众。如果后面没有大河，大概都会跑掉，所以我不得不背水布阵。他们没了退路，就会拼死搏杀，这样才能击溃看似不可战胜的赵军。"

　　在座的将军们都佩服得五体投地。

　　决死之心，能够打通一切道路。

52

识别假丘吉尔
忠实于使命

一天，著名的美国钢铁公司总裁施瓦布因为有急事，要独自一人返回自己的办公室。

他来到公司大门口，警卫拦住了他。

"公司已经下班了，任何人不得进入！"

"我是总裁施瓦布。"

"我没见过总裁。对不起，不出示能证明您是总裁的证件，我就不能让您进去。"

没办法，施瓦布出示了自己的证件，总算把事办完了。

第二天，那个警卫被叫到了总裁办公室。

警卫以为会受到严厉的惩罚，他做好心理准备来到办公室，却接到了总裁亲自颁发的正式职员任用通知。

丘吉尔担任首相的时候，一次有急事坐车外出，在十字路口遇上了红灯。

前面横向马路上跑的车很少，丘吉尔命令司机："没关系！开过去！"

刚要闯红灯时，一个警察突然出现。

"那辆车！退回去！"

"我有急事！我是丘吉尔！"

于是警察盯着丘吉尔的脸说："丘吉尔首相怎么会违反交通规则？我看你是假的吧！退回去！退回去！"

丘吉尔首相被驳得哑口无言。

"明白了！我的确是假的。"丘吉尔让司机把车退了回去。

后来，丘吉尔通过主管警察系统的官员要提拔这个警察时，警察却以"没有理由"而拒绝了。

丘吉尔则这样说："有理由！你具有识别假丘吉尔的眼力，想必也擅长识破罪犯。这是针对你识别能力的提升。"

53

掉入桶里的老鼠

有一天晚上，一只老鼠掉进了木桶里。最初它想努力跳出去，但桶太深，怎么也跳不出来。

于是，老鼠想啃破桶壁逃出去。它开始用牙啃，啃了一会儿，由于木桶又厚又硬，似乎难以啃破。老鼠急了，换了个地方又啃起来，可还是不行。于是它把这个地方也放弃了，又换了个新地方啃。可是，厚厚的木桶，好像怎么也啃不破。老鼠焦头烂额地进行着毫无回报的努力，天快亮时，它终于累得精疲力竭，白白地死掉了。

其实，如果在一开始的地方坚持啃到最后，它就应该能在桶壁上啃出个洞，逃出去了。

这世上有很多人并没有资格讥笑这只老鼠。

一件事情失败，就改做另一件事情，结果又失败了。这种左一次右一次不断地调换着自己工作的人，被认为是意志薄弱者。

本来，人就不是那么坚强的。

毫不犹豫地走自己的路是很困难的，它需要坚强的意志和不懈的努力。如果找不准方向，犹犹豫豫，那么即使一时付出过努力，到头来也不会有成就。明白这个道理的话，就应该从一开始便深思熟虑，选择好方向，之后用坚定的信念付诸实践，贯彻到底。这样的话，必能达到目的。

　　拥挤的电车，看门口好像很难再挤进去，可是走到里面，往往会意外地发现其实还有很多余地。绝不要因为门口堵塞，就绝望了。

　　西方不是有这样一句谚语吗："滚石不生苔，转行不聚财。"

54

智者善于博采众长

以背水之战闻名的中国古代军事名将——韩信，仅在短短的两个月期间，就征服了山西的魏国和代国、河北的赵国和燕国等诸国，取得了令人震惊的战果。

韩信有背水之战这样以战术出奇制胜的时候，也有通过优待败军之将，不战而胜的时候。

打败了近自己十倍兵力的赵国大军后，韩信想乘势长驱直入攻打燕国。这时，韩信亲自给擒来的赵国军师广武君李左车松绑，恭敬地向他请教计策。因为韩信早就对李左车的见地有很高的评价。

"败军之将，何敢言兵！"

最初李左车坚决请辞，但禁不住韩信再三请教，终于开口了。

"将军自破黄河守备以来，攻取魏代二国，连战连胜。今又破我赵国大军，擒赵王与我，名闻海内，威震天下。然兵将实情，离国远征，连日奋战，疲惫乏顿，战力低下。若今将军以疲劳之兵，攻燕之坚城，必欲战不得，攻之不拔，旷日持久，粮食殚竭。非但不能达到目的，反而会令将军自

身陷于危险境地。"

　　李左车分析了形势后，向韩信献策道："今为将军计，莫若按甲休兵，待充分恢复战力后，派军屯于燕境。而后遣辩士奉咫尺之书，施以压力，则燕慑于将军之威，必不敢不听从。燕已从，再派雄辩之士赴齐，则齐亦必顺从。如是，则天下事可图也。"

　　韩信采用了这个计策，当月即不动兵戈便征服了燕国。

　　愚者之愚，在于刚愎自用；
　　智者之智，在于博采众长。

55

一盘棋给德川家康的启示

日本京都的大桥宗桂[①]天生擅长下棋。

大桥宗桂从京都来到江户，在幕府将军面前击败了本因坊算砂[②]，荣获了日本象棋第一高手的桂冠。

当时，算砂连出妙招，步步紧逼，谁都能看得出来，大桥宗桂显然已成败势。德川家康也屏息注视着宗桂，看他什么时候认输。但大桥宗桂却一动不动地陷入了沉思。

一刻钟、两刻钟过去了，他还是默然抱臂，一动不动。

德川家康感觉无聊，于是起身入浴，返回来一看，大桥宗桂依旧一动没动。

"剩下的棋，明天再下吧！"

德川家康忍耐不住了，便命令他们暂停，想起身离开。

"对不起，请再稍等片刻。"

大桥宗桂注视着棋盘，泰然自若地挽留道。

过了一会儿，他连着下了三十来步绝妙的好棋，最终使象棋高手本因坊算砂不得不拱手认输。

"治理天下也是同理，任何事情都不能过早放弃。刻苦钻研和坚韧不拔的精神极为重要。这盘棋给了我们很好的启示。"

德川家康感慨万分地称赞大桥宗桂，赏其五十石俸禄，并授予其幕府象棋所③的称号。

美国铁路大王哈里曼也曾感叹说："很多人都由于不能再加把劲儿克服最后的难关，而因此功亏一篑，把好端端的工作弄得乱七八糟。"

一块煤炭，正是因为长年忍耐在地下，才会变成光彩夺目的钻石。何况对于想实现人生终极目的的人来说，二三十年的忍耐又算什么呢？

无论什么事情，要想获得真正的成功，长年的钻研、执著和忍耐，都是不可或缺的条件。

①大桥宗桂（1555年—1634年）：曾侍奉织田信长、丰臣秀吉和德川家康，1612年接受了本因坊算砂兼任的日本象棋所的头衔。
②本因坊算砂（1559年—1623年）：日本围棋世家本因坊的始祖，京都人。曾侍奉织田信长、丰臣秀吉和德川家康，受名人之称，成为最早的围棋所，象棋所。
③象棋所：日本江户时代以象棋侍奉幕府的世家，也是名人的别称。

56

要把"推荐信"学在身上

位于纽约的世界著名的伍尔沃思公司要招聘一名监工。

很多应聘者面试时都拿着一份像样的推荐信。

可是，被录用的却是一位没有什么学历、也没带推荐信的青年。

公司这样说明了聘用他的理由：

"他虽然没有带来一封推荐信，但在他身上却可以清楚地看到很多值得推荐的地方：他进屋之前，首先擦掉鞋上的灰尘，进来之后，轻轻地关上了屋门。可见其严谨的性格。要坐下来时，他看到一位行动不便的老人，就马上给老人让座。可见其亲切善良的人格。他进屋后摘下帽子向我们行礼，回答问题时干脆利落。可见其谦恭有礼。排队时他守规矩，不抢先。服装简朴但整洁，头发梳理得齐齐整整，牙齿洁白。签名时，他的指甲中看不到一丝污垢。这些不就是最好的推荐信吗？"

社会期盼着有作为的青年。

当今高中和大学林立，在智育方面也许是迅速发展了，但是，德育是不是反而退步了呢？

　　只有把胜于一切的推荐信学在身上，才能够净化社会和国家。大概伍尔沃思公司的负责人慧眼看清了这一点。

57

只顾眼前得失，
会迷失远大目标

拿破仑与意大利、奥地利作战，连战连胜，凯旋归来。

国民们张灯结彩，高举着旌旗列队欢迎。火把、钟声、礼炮声，庆祝活动达到了极点。

有个部下毕恭毕敬地向拿破仑祝贺说："阁下，您受到如此盛大的欢迎，一定心满意足吧？"

意外的是，拿破仑听后冷淡地回答道："别说蠢话。这不过是表面上的喧闹而已，为这个高兴就大错特错了。形势稍有变化，他们就会大呼着要把我送上断头台，那时也会像现在一样热闹。这些同声附和的大众，他们的欢呼能靠得住吗?!"

日本江户时代末期有个著名的剑客叫千叶周作[①]。一天晚上，他带着两三个徒弟出海钓鱼。他们用火把照明，一边找鱼一边划向海里，结果越划越远，渐渐地迷失了方向。

哪边是陆地?

连千叶周作也惊慌失措了。他让徒弟们连续点燃了很多火把，寻找陆地所在的方向，但毫无头绪。他们焦急地在海上徘徊着，最后，连唯一可指靠的火把也燃尽了。

这下可完了！大家都陷入了绝望之中。

然而，正所谓"穷则变，变则通"，随着火光的熄灭，周围变得一片漆黑，在黑暗中，他们反而清晰地看见了陆地的影子。

大家欢呼起来!

后来，千叶周作把这个经历告诉给他的一位渔夫朋友，渔夫听了笑笑说："真不像是先生做的事啊。用火把是看不到陆地的。火把是用来照脚下的，看远处的时候，火把的光反而会碍事。每当这种时候，我们都特意把火把熄灭。"

依靠火把照明时，看不到远处的陆地。为眼前的事情一喜一忧，就无法洞察远大的未来。

①千叶周作（1794年—1855年）：日本武士，开创了北辰一刀流，其门下涌现出许多活跃在江户末期的著名人士。

58

我早就在椰树下睡午觉了

女人和袜子，在日本被称为战后变强韧的代表。

袜子会变得强韧耐磨是因为出现了革命性纤维——尼龙，其发明者是美国的化学家卡罗瑟斯。

据说，卡罗瑟斯所在的美国杜邦公司，和这位天才化学家之间有一个令万人垂涎的约定："卡罗瑟斯一生中，无论到哪个国家旅行，无论在任何高级餐厅用餐，一切费用都由杜邦公司负担。"

作为杜邦公司，一定是怕这位天才的技术人员被其他公司抢走。要是惹卡罗瑟斯不高兴，把制造尼龙的方法泄露给其他公司的话，杜邦公司就是鸡飞蛋打一场空。而与之相比，即使支付卡罗瑟斯一生游玩的费用，也是非常便宜的吧。

可是，这位就像生活在天国乐园里的卡罗瑟斯，却在四十一岁年富力强的时候自杀了。

幸福是什么？

这里介绍一则令人深思的小故事。

地点是南方的某个国家，登场人物是一个美国人和一个当地人。

看到当地人白天总在椰子树下睡午觉，美国人就劝他说："别这么懒惰，好好工作，赚点钱怎么样？"

当地人抬头瞪着美国人说："赚了钱，干什么？"

"存在银行里增值的话，会变成一大笔钱的。"

"要一大笔钱干什么？"

"可以盖栋好房子呀。更有钱的话，还能在暖和的地方盖栋别墅啊。"

"要别墅干什么？"

"可以在别墅院子里的椰子树下睡午觉呀！"

"可是我早就在椰子树下睡午觉了！"

这个美国人的幸福观，可以说代表了全人类。

而卡罗瑟斯却把这个幸福论的破绽清清楚楚地展示给了我们。

59

给盘子里加上粪肥！

日本江户时代发生了一起孩子杀害父母的恶性事件。

没有比子女杀害父母更重的罪了。该给这个罪大恶极的犯人判什么刑？奉行①们众说纷纭，怎么也统一不了意见。于是，他们向大名请示，对如此极恶之人该处以何等极刑。

大名想了想，居然说道："把他装在轿子里，在东海道五十三站②之间走上几回，那是我经历过的最难受的事了！"

还有一位大名，在城外吃了腌白菜。因为味美难以忘记，回城后，他马上要吃腌白菜。

一会儿，白菜端上来，大名迫不及待地张开大口塞进嘴里。

"这是什么？怎么这么难吃！"大名把做饭的人叫来满口抱怨。

"这个和我在城外吃的腌白菜，味道差太远啦！"

"恕小人冒昧奉告，城外老百姓吃的是施了粪肥的白菜，而大人用的白菜没有使用粪肥。小人认为原因在此。"

听做饭的人这么一解释，大名立即把盛着腌白菜的盘子往前一推，厉声命令道："那就赶快给盘子里的白菜加上粪肥!"

不得不遵从这种愚昧领导者的大众，实在悲哀!

正人先正己

日本禅宗僧侣盘圭做行脚僧时，每天夜里到千住①的磔刑柱子下面坐禅。

一天早晨，盘圭离座，到附近跑马场的土堤上休息，这时一个威武的武士来练马。

盘圭不声不响地看着。好像马不太高兴，不肯听武士的话，武士一边大吼着，一边不停地责打着马。

看到这里，盘圭大声斥责道："你这是成何体统！"

武士仿佛没听见似的，更加用鞭子抽马。

"喂！你这是成何体统！"

盘圭大喊了两三次后，武士才回过头来，跳下马，静静地走到盘圭身旁。

"贵僧好像从刚才就在斥责鄙人，如有赐教，在下愿洗耳恭听。"

武士的言辞非常谦恭，但很明显，他心里压着火，是否发泄要看回答得如何。

这时，盘圭毅然说道："你因为马不听话，就一味地责怪马，这种做法十分愚蠢。马不听话自有其原因。想让马听话，就要按照马会听话的方法去引导它。首先要改变你自己，这才是最重要的。明白了吗?"

不愧是位谦虚聪明的武士，他深深地点了点头，行礼退下，改变了态度，重新上马。

结果如何呢?

马像变了一个样，开始驯服地听从武士的命令了。

认为自己变成这样是因为丈夫不好、妻子不好、儿女不好，这样只埋怨别人的话，是不会获得真正的和睦的。

关键是首先要反省自己，端正自己的态度。

改变了自己，丈夫、妻子、孩子也都会改变。家庭保证能变得融洽、和美。

①千住: 地名。今日本东京都荒川区南千住附近。

61

施人之恩不可念
受人之恩不可忘

德国剧作家席勒的名著《威廉·退尔》中有这样一个场景。

退尔在一座山背后从危险中救出了自己的仇敌——一个地方恶官。他回家后，得意地把这件事告诉了妻子，之后说："那个地方官，从此以后大概会对我感恩戴德，改变态度吧！"

可是，妻子却忠告他说："哪里的话！从此他看到你会更加不舒服，对你会越来越反感！"

偶尔帮助了别人，就自以为有恩于人，期待着对方的回报，而对方却由于人情债成了负担，反而对自己心生反感，这种事情并不少见。

既跟人家借了钱，又往往容易怨恨债权人，这是债务人常有的心理。

当然，并不是说热心助人是没有用的。

善因善果、恶因恶果、自因自果是宇宙中的真理。不播下善的种子，善果就不会出现，但关键在于行善的"心"要正。

日本有一个民间故事。有个老爷爷在家里养了一只小麻雀。有一天，小麻雀吃了老奶奶的糨糊，被大发雷霆的老奶奶剪掉了舌头，飞走了。老爷爷因真心疼爱小麻雀，于是四处寻找它，终于在山里找到。小麻雀被老爷爷的慈悲所打动，拿出大小两个箱子作为礼物送给老爷爷。老爷爷只求见到小麻雀就心满意足了，没有其他任何要求，考虑到自己年迈，就选择了轻的箱子带回家了。

到家打开箱子一看，里面装满了金银财宝。

相反，老奶奶认为麻雀是自己饲养的，她进山找麻雀不是为了安慰它，而是为了得到财宝。所以，当老奶奶面对大小两个箱子的时候，即使拿不动，还是选择了又大又重的箱子。

结果，箱子里面装的是不纯之心变成的妖怪。

如果人们能以不求回报之心为他人奉献，该多么美好啊！

施人之恩不可念，受人之恩不可忘！

62

美人的必要条件

古时候，印度有个富翁叫摩诃密。他有一个女儿，长得非常漂亮，被世人誉为绝代佳人。

摩诃密也以自己美貌的女儿为骄傲，总是偕女同行，甚至放出大话说："如果有谁说我的女儿不漂亮，我就给他一千两金子！"

正如摩诃密夸耀的那样，这位姑娘确实姿容艳丽、体态优美，无论男女，看一眼没有不着迷的。

得意忘形的摩诃密，开始异想天开："我女儿人见人夸。我要让出家人释迦牟尼佛也看看。"

于是摩诃密带着女儿来到释迦牟尼佛面前。释迦牟尼佛看了这位姑娘后，静静地说："这位姑娘，我一点也不觉得漂亮。固然，她的容貌确实美丽，然而，人有更美好的东西——那就是美丽的心灵，心念端正才是真正的美！"

拥有美丽的容貌大概是所有女性的愿望。

但是真正的美，并不在于容貌和姿态。正如释迦牟尼佛所说，真正的美在于人的心灵。

像秋天的万里晴空一样清净无垢的心灵，才是真正的美人的必要条件，无论男女，都应修养的是心灵之美。

据说，听了释迦牟尼佛的教诲，就连摩诃密这个不可一世的大富翁，也终于有所领悟了。

63

"吝啬"的慈善家

日本明治①前期的大实业家——岩崎弥太郎②，性格刚直果断，是明治时代具有代表性的富豪之一。

不知为什么，岩崎弥太郎总是穿着草鞋出入大臣官邸等处。有人感到奇怪，问他有何原因，他说道："这是家母的吩咐！"

岩崎弥太郎的母亲，即使儿子成了大富豪，也经常穿着自己做的草鞋，并且叫弥太郎也穿草鞋。她教导儿子："富贵了，也不能忘记过去的贫寒，流于奢侈。"

还有一则关于节俭的故事。

有个人去美国大实业家那里募集慈善事业的捐款。

当时，实业家正在斥责佣人："明明用一点就够了，你为什么用了这么多？"

用了什么东西会如此挨骂呢？仔细一问，原来是糨糊。

连一点糨糊都这么舍不得，怎么可能慷慨解囊呢？但既然特地来了，募款人还是说明了来由。没想到，实业家立即爽快地捐助了五百美金的巨款。

募款人对此感到很意外，吃惊地询问实业家，实业家这样回答：“因为我平时注意节俭，连一点糨糊也不浪费，所以才能捐款帮助别人。”

浪费东西的人，会被东西所厌恶，必定生活拮据。

所有的东西，都是为实现人生目的而存在的，所以再微小的东西，也不可随意浪费。

64

让袈裟给你念经吧！

有名的禅宗僧侣一休，被京都的富豪邀请去做法事。

法事的前一天，一休偶然路过富豪家，想进去打个招呼。但是这家的看门人不认识一休，一休刚走近，看门人就凶狠地呵斥道："哎！哎！你这个要饭的和尚，想要饭从后门进！"

"不，我是想见一下你家主人。"

"别胡说了！大户人家的主人怎么会见你这样要饭的！"

看门人见一休一身褴褛的打扮，就认定他是个乞丐。

"你不是看门人吗？带客人进去不是你的职责吗？有人要见你家主人，你通报一声就是了。"

"你这个口出狂言的家伙！"

就这样，一休被气势汹汹的看门人赶走了。

第二天，一休身着紫色袈裟①，带着弟子们往门前一站，昨天那个看门人就乖乖地低头鞠躬迎了上来。

一休被带进正厅后讥笑主人道："施主，昨天承蒙款待啊。"

"噢？昨天大师来过了吗？"

"我昨天有点事，对看门人说我要见你家主人，看门人却说'我家主人怎会见要饭的和尚!'就把我给赶走了。"

"哦! 抱歉! 抱歉! 虽说不认识，但也太失礼了。不过，大师为何当时没说出自己的名字呢?"

一休脱下紫色袈裟，扔给点头哈腰不停道歉的主人。

"我一休算什么? 这件紫色袈裟才有价值，让这件法衣给你念经吧!"

说罢，一休留下法衣，扬长而去。

绝不能以衣着取人。

因为凭衣着打扮，是无法看清人的价值的。

①紫色袈裟: 只有特别的僧侣才被允许穿的法衣。

65

比猫还忘恩负义的是谁?

不知前世有什么因缘,我天生喜欢狗和猫。

记不清那是家中养的第几只猫了,一只漂亮聪明的花猫,我叫它圆圆。

我出门时,它总是在门口目送我,我回来时,它一听到我的脚步声,就来门口迎接我。

我格外喜爱这只猫。

可是,一个寒冷的傍晚,我演讲结束从外面回来,在门口没有看到平时总来迎接我的圆圆。

我担心地走进屋,看到圆圆蜷缩在火炉旁边。它听见我的声音,还是一动也不动。

"今天从一大早开始就没离开过那里。"家里人说。

"又是吃了什么吧?"我刹那间担心起来。

过去曾有几只猫,吃了老鼠药或什么毒药后,终日痛苦,吐血而死。每次我都全力看护,最后弄得十分伤心。

我连衣服也没换,抓来圆圆特别喜欢吃的小鱼干,拿到它的鼻子前。如果吃了什么有毒的东西,猫就是见了再喜欢的食物,也不会理睬。

可是，你猜怎么样了？

它刚一呜呜地哼了一声，就张开大口咬了过来。

同时，它尖利的牙齿穿透了我的手指。

一瞬间的事情。

一见喷出的鲜血，我全身的血液都涌到了头上。

"你这个畜生！混账！你要干什么?!"

爱越深，恨也就越强烈。穷凶极恶的我，两手抓住猫的头和身子，想拧死它。就在这一瞬间，我仿佛听见心中有个声音在说："比猫还忘恩负义的，不是你自己吗?"

我大吃一惊，不由得双手合十……

为那么点小事，"为什么"要"如此"大动肝火? 我反省自己。

"我那么疼爱它。"

"我那么担心它。"

我知道了，正是这种自认为为它付出过的施恩心理，导致了自己的愤怒。

66

排他者自取灭亡

某公司设置了一个意见箱。在设置意见箱的同时，全体员工收到了这样一份通知：

"为了使公司更好地发展，现设置一意见箱。大家如果就公司的设备、员工工作状况等有什么意见，或对上司有什么建议和希望等等，尽可畅所欲言。该箱的钥匙由总经理亲自保管，绝不会把投诉人的姓名、内容泄露出去。大家提出的意见仅供公司改进工作时作参考。"

意见箱设置后两三天，大家似乎都在观望，但到了第五天，好像有人往意见箱里投信了。

"好长的信呢!"

总经理悄悄地从意见箱里把信取出来时，正巧被秘书看见，这个消息就在公司里传开了。

公司的气氛立刻紧张起来，员工们都战战兢兢。

不久，一个年轻的职员被解雇了。后来大家才知道，原来他就是那个投诉的人。

据说，投诉信的内容，整篇都是对他人的攻击和对自己的辩护。

"这种人只会破坏公司的内部团结。"

总经理无意中自己谈到了这件事。

森林里有一棵小树，它恳求樵夫："请把我周围的大树都砍倒吧！我之所以不能充分沐浴阳光，树根也不能自由伸展，都是周围这些大树造成的！"

于是樵夫把森林里的大树左一棵、右一棵地砍倒了。

小树可以自由自在地伸展手脚了，它非常高兴。但突然间狂风大作，小树一下子就被吹断了。

年轻人容易自命不凡，因为过于相信自己，所以会遭受很多挫折。

所有的组织都是秩序井然的，却有人为了占据有利的地位而轻侮师长，把师长视为绊脚石，对其攻击排斥。

家庭也一样，公婆有如家中的大树，却嫌弃公婆，只想在夫妻两人的家庭里自由自在地过着放纵的生活。这样的家庭，一旦遇到社会上的狂风恶浪，必将不堪一击。

67

听故事要身临其境

日本历史上有个相模国①，统领此国的领主——北条早云②特别喜好听琵琶弹唱。

有一次，北条早云请来琵琶法师弹唱《平家物语》③。

当唱到那须与一④神箭射扇的地方时，北条早云激动得涨红了脸，身心震颤。

故事逐渐进入高潮。当琵琶法师唱到"且说，那须与一将弓拉成满月形，瞄准了美女的扇子……"时，"停！停！"北条早云突然叫了起来。

演奏戛然停止。

正听得入神的武士和女佣们都十分纳闷，不知道主人为什么在最有趣的地方打断了弹唱。

北条早云答道："你们要站在那须与一的立场上去听。他当时很清楚，如果没有射中扇子，且不说这是源氏⑤的耻辱，就是为了武士的面子，他也得当场切腹自杀。我正是由于明白他射箭时全神贯注地盯住靶子的心情，才听不下去的。"

无论什么事情，设身处地地思考和全身心地投入，都是非常重要的。

　　北条早云制定的二十一条家训之所以会被战国诸大名引为家训，其中原因，由此不难窥知。

①相模国：日本旧国名，相当于现神奈川县大部分地域。
②北条早云（1432年—1519年）：日本战国时代武将，后北条氏的祖先。
③《平家物语》：日本镰仓时代前期的战争小说。以平家的兴衰为中心，描绘了治承、寿永年代动乱的历史。
④那须与一：生卒年不详。日本镰仓时代初期的武士。追随源义经，在文治元年（1185年）的屋岛之战中用箭射落平氏的扇靶，以此闻名。
⑤源氏：始于平安时代，以源为姓的氏族。灭平氏后创立镰仓幕府，成为了武家领袖。

68

我只要第三层！

从前有个愚蠢的人，受邀参加朋友家新建的三层小楼的落成典礼。

在乡下，一般很少见到三层楼房，所以看到那雄伟壮观的建筑，蠢人先是吃了一惊。

朋友还特别自豪地向大家介绍了从三楼看到的漂亮景致。

蠢人为那美丽的景观惊叹不已，便想自己也要盖一座能远眺美景的房子。

他立即招来了村里的工匠，委托道："火速给我盖一幢三层小楼!"

蠢人因为继承了父母的资产，是村里最有钱的人，所以花钱根本不在乎。

而且他是个急性子的人。有一天，他估计着房子该完工了，就去建筑工地看看。建筑工匠很多，他们正在忙着打地基，而且挖得很深。蠢人见此，立即把工匠们叫来狠狠地申斥道："你们到底在干什么? 我再三叮嘱你们，叫你们盖一个能眺望远景的三楼，你们挖地下干什么?"

工头惶恐地回答说："要盖三楼，就必须要有坚实的基础。这里不下苦工，三楼就不稳。我们打完地基之后，逐步开始盖一层、二层……"

蠢人听后大发雷霆。

"我没让你们盖一层、二层，我只要第三层就够了！你们为什么不盖第三层?!"

工匠们听后，互相对视，忍不住笑了。

无视基础，只一味追求在三楼观景，实现不了就叹息、悲伤、愤怒，这种人何其多也!

69

别把笛子买贵了

将美国领向独立的富兰克林具有很多才能，他是著名的政治家、外交家、作家，也是一名物理学家。

富兰克林出生在美国波士顿一个经营蜡烛店的家庭里，家境贫寒。少年时代，他特别向往拥有一支笛子。

有一天，他意外地得到了一点钱，于是蹦蹦跳跳地跑到了玩具店。

"我想买笛子，要声音好听的！"

看着兴高采烈的少年，一脸狡猾的玩具店老板问道："小伙子，你带了多少钱？"

"就这些！"

纯真无邪的富兰克林摊开手心，给老板看他所有的钱。

"好！有这些钱的话，就卖给你一支笛子吧！"

富兰克林吹着梦寐以求的笛子回家了。回家后他得意地把买笛子的经过讲给兄弟们听，结果遭到了奚落："你真傻，那么多钱可以买四支这样的笛子呢！"

富兰克林受到嘲笑，一下子变得垂头丧气。看到他沮丧的样子，父亲教导说："人一旦想要得到什么，往往会付出超过其真正价值的钱，把东西买贵了。得多加小心啊！"

富兰克林把父亲的话铭记在心上。他看到沉湎于酒色的人，就想："那人不知道自己为了一时的享乐，付出了多大的代价。他也是个买贵了笛子的人。"

看到为了装扮自己，甚至借钱买衣服的人，富兰克林就想："她把衣服的价值看得太高，也是买贵了笛子的人。"

对于守财奴，富兰克林则认为："这种人由于对金钱的欲望，把金钱的价值看得太重，同样是买贵了笛子的人。"

就这样，富兰克林把买笛子一事当做了他一生的教训。

后来他发明了火炉、避雷针，又致力于开办图书馆、铺设道路等，为提高人们的生活质量作出了巨大的贡献。

"要追赶工作，而不要被工作所追赶！"

这是富兰克林的格言之一。

70

大尝牛粪的祈祷师

有一对夫妻，生了三个女儿，非常盼望能有个男孩。

这一次，妻子又怀孕了。丈夫却说她只会生女孩，令她十分伤心。这时，一个男人偶然来访，问起了奇怪的问题："夫人，你觉得这次肚子里是男孩，还是女孩？"

"这种事我怎么会知道。"

"那么你希望生男孩还是生女孩？"

"我特别想要个男孩！"妻子坦率地回答。

男人听后一口断定："我是有神力的人。很遗憾，这次还是个女孩！"

"这种事你真的知道？"听到对方说得这么煞有介事，妻子不禁探身问道。

"当然知道！不过要是现在向神祈求的话，也不是不能变为男孩。如果你希望的话，我可以帮你祈祷！"

妻子被引诱上钩，问道："可是，祈祷需要很多钱吧？"

"我是助人为乐的，钱对我来说无所谓。但每次需要给神五百元的礼金，大概要拜上四五次吧。"

妻子虽然半信半疑，但想到钱也不算太多，生男孩又会让丈夫高兴，于是就偷偷地请这个祈祷师来做祷告。

终于到了期满结愿的日子，和往常一样，丈夫上班一走，祈祷师就来了。

可是这天丈夫由于忘记了东西，走到半路又返回了家里。看见一个陌生男人把祭神驱邪的符放在妻子的肚子上，正在一本正经地念着什么咒语，丈夫大吃一惊。

妻子于是一五一十地把事情向丈夫坦白了。丈夫默默听完后，对祈祷师行了一礼说："我出去一下。"丈夫出去后买来豆沙包，挖出里面的豆馅，塞进牛粪，又返回家来。

"没什么可招待的，请你吃个豆沙包吧！"

祈祷师本以为会惹出乱子，正提心吊胆，看到丈夫这么盛情款待，他不觉松了口气，张开大口就把豆沙包塞进了嘴里。

大"尝"牛粪的祈祷师，极为恼怒。

夫妻俩向他笑道："原来你连豆沙包里的馅都弄不明白呀?!"

祈祷师灰头土脸地逃走了。

人之所以相信荒唐的迷信，是因为心中黑暗无光。

71

上等人爱心

克利夫兰当选为美国总统时，狱中的一名男子长叹："啊！那人果然当选了！他从小就不是一般人啊！"

"你认识克利夫兰吗？"监狱看守不解地问。

犯人回忆说："中学毕业时，我和他学习成绩不相上下，都是数一数二的。为了庆祝毕业，大家相约一起去喝酒吃饭，但克利夫兰中途却说：'酒菜的味道太好，所以我要就此作罢！'然后他就回家了。而我想就这一次没什么，之后每次都对自己说这是最后一次、最后一次，接二连三，越陷越深，终于到了今天这个地步，和他已经是天壤之别了。"

有着同样的身体、同样的才能，却不能实现目的而沉沦到地狱，是因为这个人没有自制能力，缺乏发奋努力的克己之心。

下等人爱舌头，不爱身；

中等人爱身，不爱心；

上等人爱心，所以会克制自己，发奋努力。

立志成就伟业的人，须知不得被衣食夺走了心。

登上顶峰之人，是那些布衣蔬食，坚持初衷而不懈努力的人。

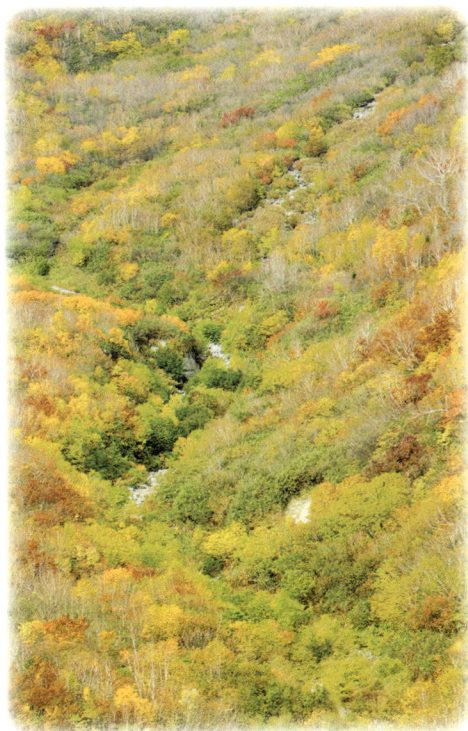

72

让散漫学生脱胎换骨之法

有位教授像慈父一般，深受学生爱戴。一次他把一个生活散漫的学生叫到家里，亲切地与他交谈。

"最近给你父母打电话或写信了吗?"

"有时会。"

"每月几次呀?"

"一两次吧。"

"噢! 那很好。都对父母说什么呢?"

"说要钱的事。"学生难为情地回答说。

"这也不错。需要钱的时候，不随便向朋友借，请父母帮忙是最好的。打电话或写信时只说钱的事吗?"

"是的。"

学生不好意思地搔搔头说。

教授用深邃的目光注视着学生，教诲道:"实际上我叫你来玩不为别的，就是想叫你今后每周一定给父母写封信。信上可以写你最近早起啦、早饭是面包和牛奶、中午在学校吃套餐、晚上吃的是烤肉加方便面啦等等，把你觉得微不足道的小事也都写进去。"

敬重教授的学生，尽管不理解教授话中的深刻含义，但也照实去做了。

除了催促要钱就没有别的音信的孩子，开始向父母汇报自己的日常生活状况。父母放心了，也特别高兴。

"家里最近发生了这样的事、那样的事……"

父母也开始给孩子打电话或写信。高兴之余，还时常寄去孩子喜欢的东西。

这样一来，夜里经常出去游玩的学生也不好总是说谎，自然开始节制自己的行为。又由于理解了如此为自己着想的父母之心，所以，对学习也产生了热情。

就这样，一些原本评价很差的学生们，在教授的巧妙指导下，都变成了健康朴实的好学生。

73

为制盐植树十三年

日本江户时代，播磨国赤穗藩①有位家老②，人称大石内藏助③。

当地有些商人认为："如果在赤穗藩制盐的话，将能大大增加藩里的财政收入。"于是，这些商人一同前来拜见大石家老，恳请"务必批准开办制盐业，以促进赤穗藩的发展"。

大石内藏助仔细地听取了他们详细的申请理由后，回答道："不错，你们的想法很新颖，等我好好研究后再做答复。"

商人们翘首等待，估计最迟也不过三个月或半年就能获得批准。但过了一年又一年，什么消息也没有。

光阴似箭，转眼五年的岁月过去了。

"大石家老表面上一副很明白的样子，实际上什么也不懂。"商人们在私下议论着。

到了大家断了念头，快把制盐的事忘掉的第十三个年头，终于有人来传唤。

"大家还记得十三年前来请求批准制盐的事吧？我听了那个建议后，觉得是个好主意，但仔细琢磨了一下，发现有些问题。

"首先，煮盐需要柴火，烧柴就必然要砍树。很多的树一旦被砍掉，山就会变秃。秃山如果遇到下大雨，立即会发生山洪。发洪水的话，田地庄稼就会被冲毁。而农业的荒废将导致整个赤穗藩的崩溃。

"因为考虑到这一点，所以从那时起，十三年来，我全力推行植树造林。现在已不用担心砍伐树木会使山变秃了。

"因此，我现在批准你们兴办制盐业。希望能为本地经济做出贡献。"

后来，大石内藏助集结四十六位志同道合的人，克服千难万险，成功地为主君报仇雪恨④。其周到的智略，从这十三年植树一事，也可略见一斑。

---

①播磨国赤穗藩：江户时代设置在现日本兵库县赤穗市的地方政权。
②家老：统管藩政的重臣。
③大石内藏助 (1659年—1703年)：本名大石良雄。
④大石内藏助的主君赤穗藩藩主叫浅野长矩 (1667年—1701年)。浅野长矩在三十五岁这一年，被任命接待京都朝廷派来的使者。为做好接待工作，需要先向担任幕府礼仪的吉良义央学习礼法。但是，由于浅野长矩对吉良义央贿赂的东西太少，受到吉良的刁难，于是浅野怀恨在心。在接待的最后一天，浅野突然拔刀向吉良砍去，由于被旁边的人阻拦，吉良只是受了轻伤。此事使将军纲吉大为震怒，命令浅野切腹自尽，并没收其领地。一年半以后，大石等四十六个家臣杀死吉良，为主人报仇。此历史事件被改编成各种文艺作品。

74

制胜的关键

在战争中靠数量取胜的例子不胜枚举。但是，还有比数量更重要的胜利因素，那就是"团结"。

在日本历史上，决定了谁能一统天下的关原之战①，就有力地证明了这个道理。当时德川家康率领的东军和石田三成②率领的西军作战，两军相比较，东军明显处于劣势。

据说，明治时期来日本指导陆军的德军参谋看了关原战役的军事部署图后说："西军战败，简直令人难以置信！"

东西两军共集中了两万五千支枪，就当时而言，可以说是世界上规模最大的战役了。

在火力方面，西军也处于优势。但是，西军为什么却失败了呢？

因为在决定战争胜败的最关键因素——团结上，西军劣于东军。

由于西军的统帅石田三成没有威信，加藤清正和福岛正则③等由丰臣秀吉一手提拔起来的猛将，在军队内部发动了叛乱。

加上丰臣秀吉的侧室淀君与正室北政所之间的忌妒纠

纷，造成了关原之战中西军将领小早川秀秋④的背叛。

在这种情况下，西军等于从一开始就注定失败了。

第二次世界大战中，独裁者希特勒率领的德军之所以失败，可以说也是同样的道理。

1944年，希特勒险些丧命于国防军设置的暗杀炸弹，甚至连德军的情报部长卡纳里斯、空军部长戈林也和美国暗中往来。

不得人心的不仅是希特勒。据说，在战争中，纳粹德国的官员还因女人问题而钩心斗角。

原因不论是什么，在最需要团结的战争中，领导层如果不统一，就等于不战而败。

关原之战的西军和纳粹德国，都是失去了"团结"这一制胜的关键。

①关原之战：统治日本全国的丰臣秀吉死后，其属下的大名之间发生了掌握主导权之争。1600年在现日本岐阜县关原展开了决战，最终东军胜利，德川家康确立了日本全国的统治权。
②石田三成（1560年—1600年）：日本安土桃山时代的武将。受宠于丰臣秀吉，成为五奉行之一。关原之战时为西军主帅，战败后被处决。
③福岛正则（1561年—1624年）：日本安土桃山时代、江户时代初期的武将。从小跟随丰臣秀吉，关原之战中加入了东军。
④小早川秀秋（1582年—1602年）：日本安土桃山时代的武将。他的叛变是西军败北的原因之一。

75

谁是烹饪高手？

从前有个国王，一天，他说："我想吃世界上最好吃的饭菜!"于是把国内厨师都召集到了王宫来。

因为王宫里终日山珍海味、美膳佳肴，所以，无论哪一位厨师做的饭菜，都无法令国王满意。

"这些人都太差了! 去给我找厨艺更高超的厨师来!"

国王身边的人都很为难。

正在这时，有人声称："我是世界上最好的厨师!"

"你能做出让我满意的饭菜吗?"

"请恕我冒昧，那需要陛下完全按照我说的去做!"

"你这人说话真有意思! 好，我听你的，你做吧!"

国王反倒答应下来了。

约定后的前两天，这个厨师什么饭也没做，只是昼夜寸步不离地守着国王。

"你什么时候做饭?"

"噢! 到时候一定做!"

到了第三天，国王已经饿得精疲力竭，这时，厨师端来了粗茶淡饭。

"国王陛下，按照约定，我把世上最美味的佳肴做好了，请国王享用!"

国王狼吞虎咽地吃光了饭菜，之后问道："我从来没吃过这么好吃的饭菜! 你用的是什么材料? 怎么做的?"

厨师答道："烹饪高手是饥饿。饥饿时吃的东西，是最美味的佳肴。"

感到好吃，其实就是饥饿这种痛苦减轻的过程。如果没有饥饿之苦，那么美食的快乐就无从谈起。

人生也一样，总想逃避痛苦的人，绝对无法体味到快乐。

懦弱、卑怯的人，与真正的幸福是无缘的。

人们不是常说吗? ——快乐之源在于苦!

76

他拒绝了三千两重金

新井白石①是江户时代的一位政治家，曾深受德川幕府第六代将军德川家宣②的重用，显示出了杰出的政治才能。

新井白石还是个无名学子的时候，曾在博学家木下顺庵③门下昼夜勤奋学习。他的朋友里，有一个人是富豪河村瑞贤④的儿子。

河村瑞贤听说新井白石在贫困的环境下勤奋学习，并且才学优秀，就期待他将来有所成就，于是通过儿子提出要给他经济上的资助。

"你不屈服于贫困，勤奋学习，家父听了你的事情也深受感动。为此，家父说愿意提供三千两资金，资助你学习，不知你意下如何？"

新井白石首先对这一厚意表示由衷的感谢，之后便毅然拒绝了。

"民间故事里说，蛇小时受的一点点伤，在长成大蛇之后，会变成一尺多长的大伤疤。如果我现在由于贫困，接受令尊的厚意，收下这三千两重金的话，于现在看也许是件小事，但将来说不定会成为一个学者意想不到的大伤疤。如果是那种后果，那就太遗憾了。这么一想，无论多小的伤我现在都不愿意受到。请把我的想法转达给令尊！"

正是因为他对眼前的金钱不屑一顾，一心只为远大的理想而奋斗，所以后来才能成为大政治家。

前途远大的有为青年，必须拥有像新井白石一样的信念，提防哪怕是很小的伤痕，为开拓广阔天地奠定坚实的基础。

①新井白石（1657年—1725年）：日本江户时代中期的儒学家、政治家。
②德川家宣（1662年—1712年）：日本德川幕府第六代将军，1709年-1712年在位。
③木下顺庵（1621年—1698年）：日本江户时代前期的儒学家。曾效力于加贺藩主，后任第五代将军德川纲吉的侍讲。
④河村瑞贤（1618年—1699年）：日本江户时代前期的商人，致力于海运、治水工程。

左甚五郎的老鼠"好吃"

　　说到日本历史上的能工巧匠，非左甚五郎①莫属。出自他之手的日光东照宫②的"睡猫"、上野宽永寺③的"腾龙"，都非常有名。

　　左甚五郎生于江户初期的播磨国④，原名伊丹利胜。因他生来就是左撇子，干活都用左手，所以被称为左甚五郎。而他也把"左"当做了自己的姓。

　　当时，菊池藤五郎与左甚五郎并称为雕刻界的双雄。

　　不论围棋、象棋，还是棒球、相扑、剑道、摔跤等等，凡事人们总想让同行互相竞争，然后声援其中一方。由于大家都夸耀自己捧场的一方才是日本第一巧匠，于是就会发生争执，有时甚至升级为血腥的争斗。

　　"日本第一怎么可能有两人？这不正常！希望他们决一雌雄！"当时社会上充斥着这样的呼声。

　　幕府将军听到后，叫来二人命令道："你们当场雕只老鼠看看，以决定你们二人到底谁是日本第一。"

　　两个人都使出浑身解数，拼命地挥凿。不一会儿，就雕刻出两只老鼠，活灵活现的，让将军看了大吃一惊。两只老鼠简直不相上下，都太逼真了。

将军一时不知该怎么决定，这时，身边的智囊小声说道:"老鼠的事情，猫是专家，找猫来鉴定如何?"

将军频频点头，立即命人把两只老鼠分开放在广场上，让猫来鉴定。

被放开的猫，首先奔着菊池藤五郎雕的老鼠冲了过去。

看到这里，大家都不禁地想"藤五郎是日本第一"，可不知为什么，猫却突然把老鼠吐了出来，转而冲向甚五郎雕的老鼠，一口叼起就飞也似的跑掉了。

雷鸣般的掌声和欢呼声向甚五郎响起。

原来藤五郎的老鼠是用木头雕的，而甚五郎的老鼠用的却是柴鱼干。

只有技术，还不能算是真正的能工巧匠。技术之外，还需要有随机应变的智慧。

①左甚五郎 (1594年—1651年): 日本江户时代初期的木匠、雕刻师。
②日光东照宫: 位于日本栃木县日光市的神社，祭祀德川家康。
③宽永寺: 位于日本东京都台东区上野的寺院，德川家的菩提寺。
④播磨国: 日本旧国名。位于现兵库县西南部。

78

置之死地而后生

故事发生在美国交通工具还不发达的时代。

夜幕快要降临了，一辆公共马车奔跑在乡间小道上。昏暗的车中，瓦斯灯咯吱咯吱地摇晃着，座位上几乎坐满了乘客。

过了一会儿，马车驶进了树木茂密的山间小道，这时，不知谁在悄悄地谈话：

"听说这里经常有强盗出没。"

"听说公共马车经常遭到袭击，今天不要紧吧?"

"的确，这条路太偏僻，说不定真的会遇到强盗。"

听到这些，有个年轻人吓得直哆嗦，他向坐在旁边的绅士问道："刚才说的是真的吗? 我现在带着三千美元血汗钱。要是被抢走的话，我就没法活了。怎么办才好呢?"

绅士听后冷静地说："我教给你一个好办法。你把钱藏在鞋子里，强盗不会搜查脚下的。"

年轻人照着绅士的话刚把钱藏好，一伙强盗就袭击了马车。强盗们闯入车内，开始逐个搜查乘客，抢夺金钱和贵重物品。

就在这时，刚才那位绅士对强盗大喊起来："那个年轻人鞋里藏着一大笔钱！"

强盗们被意外的收获冲昏了头，无心再搜查其他人，得意地扬长而去。公共马车就像什么也没发生过一样，继续向前赶路。乘客们都异口同声地大骂绅士，年轻人更是气愤地说："你是强盗的同伙！"现出一副杀气腾腾的样子。

"对不起！对不起！请再忍耐片刻。"

绅士只是平和地重复着这句话。

马车到了镇上。超过忍耐极限的年轻人上前就要扭打这位绅士。

"刚才真的很对不起你。说实话，我身上带着十万美金的巨款。三千美金当然也是不小的数目，但是它保护了这十万美金。作为答谢，请你收下一万美金。还请你多原谅！"

年轻人知道了事情的真相后，深刻反省，并向绅士表示了衷心的歉意与感谢。

人生中，有时为了完成更重要的事情，不得不暂时背叛对方，因此而遭受谩骂，甚至迫害。对此，要有充分的认识和心理准备。

79

赶快送去一百万元

有个大富豪得了不治之症，但后来却奇迹般地好转了起来。

即将痊愈时，他把管家叫来，命令道："马上给主治医生送去一百万元做谢礼！"

管家不解，问道："老爷，等您痊愈之后再送不行吗？"

富豪这样对他说道："不！必须马上送去！在那最绝望的时候，我真心想，要是能把我的病治好，我就是把全部财产都送给医生也行！可是一旦脱离危险，我的想法就变了，觉得哪有人会这么做，一半就够了。随着身体状况逐渐好转，我又想三分之一不是也可以吗？对财产的贪恋逐步升级，最后变得连拿出一百万元都觉得傻。我想：医生治病是他的本分，怎么治疗也会有人死。我的病治好了，也不能说全都是医生的功劳。额外送礼，只会被外人笑话。

"这样下去，大概等身体彻底好了，我会一分钱都不想多出，直到人家要求付款为止，我会把钱全都留在自己的手里，甚至计算起利息来！

"我可不想做那样忘恩负义的人。趁我还爬不起来，赶快给医生送去一百万元。"

日本有句话:"借钱时笑着脸,还钱时绷着脸。"

在求人找工作、求人帮忙时,人往往尽力讨好,百般奉承。当事成之时,也会想"这一恩情,终生不忘"。但事后,不知不觉之间就变得淡漠,甚至不予理睬了。这是人之常情。

得到他人的帮助而知恩感恩的人会成功;以为别人的帮助是理所当然而忘恩背恩的人,必将失去信用。

80

经不住考验的慈悲心

释迦牟尼佛装扮成乞丐，到一户人家去讨饭。

"我家只做夫妻两口人的饭！"一位主妇走出来冷冷地说道。

"那么能施舍给我一杯茶吗？"

"乞丐还喝茶？太奢侈了！喝水就足够了！"

"那我不能动弹了，你能给我舀杯水吗？"

"一个乞丐，还想使唤别人？前面的河里有的是水，自己去喝吧！"

这时，释迦牟尼佛一下子恢复了原身。

"真是个一点善心都没有的人！如果你给了我一碗饭，我会给你这一钵的金子。如果你给了我一杯茶，我将给你一钵银子。如果你有给我舀杯水的同情心，我准备给你一钵锡。但你一点同情心都没有。你这样的人是不会得到幸福的回报的。"

"啊？你是释迦牟尼佛？我这就拿来给您！给您！"

"不！为了自己的利益而施舍，那里面含有毒，我不要。"

说罢，释迦牟尼佛就走了。

丈夫回家后，听妻子叙述了事情的经过后埋怨道："你真是个傻瓜！为什么没给他一碗饭？那不就能得到一碗金子了吗！"

"早知他是释迦牟尼佛，十碗饭也给呀！"

"好！那我去找他换金子！"

丈夫说完就去追赶释迦牟尼佛。

当他追得筋疲力尽，快要走不动时，来到了岔路口。正好看到一个乞丐蹲在路边，他就问："要饭的！有没有看见释迦牟尼佛从这里过去？"

"我不知道……我已经饿得动弹不了了，有什么吃的，施舍一点给我吧！"

"我不是来施舍你的，我是来换金子的！"

这时，释迦牟尼佛恢复了原身。

"妻子如此，丈夫亦然，像你们这种没有同情心的人，是不会幸福的。"

"原来您是释迦牟尼佛！我是专程给您送饭来的。"

"不！以名誉和利益为目的的施舍是有毒的，我不接受。"

释迦牟尼佛严肃地说完后，转身离去。

81

拾金不昧的马夫

日本江户时代的学者熊泽蕃山①，年轻时曾四处寻找良师。后来，他得遇良师，进入"近江②圣人"中江藤树③的门下，其中有一段因缘。那就是同宿的商人讲起的一个故事：

有一次我去京都办事，却在半路把主人的二百两金子弄丢了。

我走投无路，甚至决心以死谢罪。正在绝望之际，半夜突然有人敲旅店的门，说无论如何要见我。

我出来一看，咦？这不是我今天骑的那匹马的马夫吗?!

他说："我把你送到这里之后，就回家了。到家一检查马鞍，发现了一大笔钱。我想这肯定是你的，你丢了钱肯定很为难呢，就急忙赶来了。见到你，我心里的包袱总算卸下来了。"

马夫说着，把钱递到了我面前。

对我来说，真的是绝路逢生！我不禁想，当今这个时代，竟然还有这样的人！虽然没有什么学问，他的心地却不亚于圣人。我深受感动，当即拿出十六两金子送给马夫，略表我的心意。

但马夫无论如何也不肯收。他说："我并不是做了什么特别的、值得夸赞的好事。把你的东西还给你，这是理所当然的事情。我没有理由接受你的谢礼。"

这是多么美好的心灵啊！马夫的言行深深地打动了我。我问他为什么这么做，他告诉我说："我的老家有一位叫做中江藤树的先生。他常说，无论怎么贫穷，也不能向客人索取额外的金钱，私占不义之财，见利忘义。我们应保持的是一颗诚实的心。今夜我来，也只不过是按照中江先生的教导做的，算不了什么。"

原来，马夫的所作所为都是受中江藤树先生的影响。竟有这么伟大的人！

"我所追求之良师，非此人莫属！"据说，促使熊泽蕃山下决心拜中江藤树为师的缘由，就是因为听了这位商人感人肺腑的经历。

①熊泽蕃山（1619年—1691年）：日本江户时代前期的儒学家。
②近江：日本旧国名，今日本滋贺县。
③中江藤树（1608年—1648年）：日本江户时代前期的儒学家，近江人。

82

我没给钱看过病

日本江户时代，纪伊国①中有一位名医，叫那波加庆。

那波加庆从江户回来后，有一天，纪伊国首富鸿池孙右卫门因得重病非常痛苦，派人请加庆来给他看病。

来者对那波加庆说道："鸿池孙右卫门是纪伊第一富豪，您给他看病时，请一定要看得比别的病人更仔细一些。"

一听这话，那波加庆立刻沉下脸来，他断然拒绝道："刚才我听说有病人要看病，本想立刻就去，但是现在听了你这一番话，我已经没心思出诊了。请多包涵，也请向鸿池孙右卫门转达我的意思。"

"这是为什么?"来者大吃一惊，不解地问道。

那波加庆说："并没有什么特别的理由。只是起初听说有人患重病需要治疗，就想赶快去给他看病。但你刚才又说，因为他特别有钱，所以要我仔细治疗。可是到目前为止，我只给病人治过病，从没给钱看过病!"

来者心悦诚服，为自己的失礼再三道歉之后，告辞而去。

那波加庆不愧是当时首屈一指的名医!

贵在他不仅仅医术高明，而且不受权势所左右、不为富贵而动心。其优秀的人格，正是"医者仁术"的体现。

83

"我爱你！"
乌鸦与狐狸之新解

一只叼着肉片的乌鸦停落在树枝上。

狡猾的狐狸看见了，它当然不会放过。

"乌鸦小姐，你总是这么漂亮！天鹅绒似的衣服闪闪发光。如此美丽的你，该有着多么悦耳动听的声音啊！哪怕是一次也好，我真想听听你的声音!"

得意的乌鸦不由得"嘎!"地叫了一声，肉片就从嘴边啪嗒地掉到地上去了。

"愚蠢的乌鸦，别自我陶醉了!"

狐狸轻而易举地得到肉片逃走了。

人们之所以讨好对方，往往是因为想要得到某种东西。

女人买一件衣服，会翻来覆去地挑上一两个小时，但是对恋爱或结婚的对象，到底用多少脑筋来鉴别判断呢?

对女性，特别是对初次见面的女性过于热情的男人，大多数情况可以认为他是骗子。那种热情不是美德，甚至可以看做是品德恶劣的表现。

女性一定要对男人的热情和赞美之辞保持警惕。然而，没有接触过很多男人的女性，往往容易被最初接触的热情男人的花言巧语所迷惑，最终以心相许。

真正诚实稳健的男性，对初次见面的女性，既不会过于亲昵，也不会过分热情。

"我爱你！"之类的甜言蜜语，其实就像店员在商店门口对顾客说的"欢迎光临"一样空泛。所有的誓言都不过是一纸空文，绝不可以轻易相信，以免遭到践踏。

冷静、准确地看清对方的人格和品行，才是至关重要的。

84

倾注灵魂

日本镰仓时代①，为评选全国第一铸刀名匠，选拔了十八个人，让他们分别锻造一把刀。

当时有名的刀匠冈崎正宗和乡义弘也在其中。

经过严格的评审，冈崎正宗的刀被评选为第一。对此，自负为当代第一刀匠的乡义弘怎么也不服气。

"冈崎正宗被选为第一，这里面一定有什么缘由。说不定那个家伙行贿了。"

乡义弘因过度自信，不能容忍别人超过自己。于是，他决定去镰仓找冈崎正宗决斗，一决雌雄。

他来到冈崎正宗的住所，好像正赶上正宗在锻刀，频频传来叮叮当当清脆的打铁声。

乡义弘偷偷往锻造场一看，他大吃一惊。

在整洁的工作场地上，冈崎正宗身着正装，挥舞着大锤正在全神贯注地敲打刀具，他的神情十分庄严，令人肃然起敬。

冈崎正宗对乡义弘来访的原因还一无所知，他热情地接待了远道而来的乡义弘。

"我到这里来，其实是打算与您决斗的。我曾怀疑、嫉恨过您，但现在，我认识到自己大错特错了。我有幸看到了您锻造时全心倾注、威严堂正的样子。对照您再看我自己，我是热了就打赤膊，渴了就喝水，根本无法和您相比。我认识到，只有技术和腕力，是不能锻造出名刀的。"

乡义弘把来龙去脉都彻底说了出来，并请求冈崎正宗收自己为徒。

冈崎正宗起初谦虚地拒绝了，但在乡义弘的再三恳求下，终于答应下来。

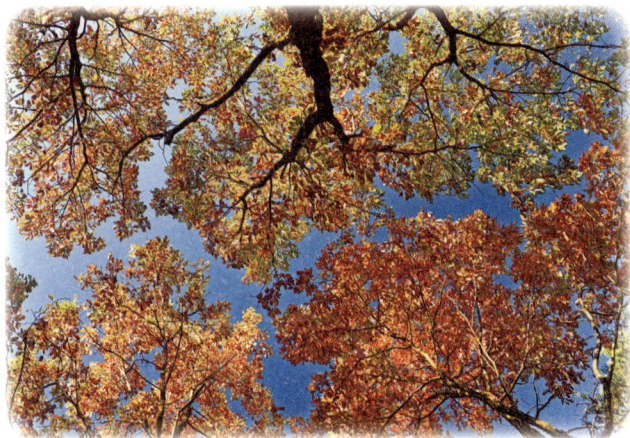

85

把衣服穿在心上

从前，大阪有一对夫妻，两个人一起刻苦奋斗，克服贫困，后来终于成了富甲一方的大商人。为了奠定财富与繁荣的基石，他们经历过的艰难困苦数不胜数。

暴富之人，常常会忘记过去的贫困，流于奢侈。

但他们不是。

丈夫一如既往地站在店前，勤奋地经营着店里的生意。妻子的用心也令人钦佩，她从不追求一般女人所热衷的衣服首饰，而是终日勤恳地打理家务。

他们的生意自然是越来越兴隆。

丈夫感谢贤内助的功劳，劝妻子添置一些新衣服，但妻子听后总是笑着说："一想起过去，就不能奢侈了。"

望着妻子的笑脸，丈夫真是既感动又心疼。

一天，模范丈夫又找机会提起这件事，妻子答道："我也是女人，别的女人想要的东西，我当然也想要。其实，我背着你做了新衣服，就在衣柜里呢。"

"噢? 是吗?"

望着有点失落的丈夫，妻子让丈夫一定要看看自己的新衣服。

丈夫立刻打开衣柜，却怎么也找不到新衣服的影子。只有一张白纸，上面写着不熟悉的文字。

妻子对困惑不解的丈夫笑着说："今天早上，我看见从门前走过一个女人，她穿的衣服很漂亮，我非常喜欢，就立刻做了两三件。但一想到苦难的过去，我怎么也穿不了。其实，我是把衣服穿在心上，只要在白纸上写下衣服的名字，就和我有真的衣服一样了。"

丈夫听后感动不已，沉浸在幸福之中。

夫妻的幸福，其实就在身边。

86

大街上的石头

德国古代有个国王，有一天夜里，趁没人看见的时候，他把一块大石头放在马路中央之后就回宫了。

第二天早上，有个喝醉酒的军人，被这块石头绊倒，撞到了头。

"是谁在大马路上放石头？真是混蛋！小心我揍你！"

醉鬼狠狠地骂了一顿走了。

过了一会儿，一位绅士骑马疾驰而来，差点儿撞到大石头上，好在千钧一发之际勒住了马头。

"啊！真危险！差点儿因为撞到这块石头而丧命，恶作剧也该有个分寸！"

这位绅士也发着牢骚离开了。

又过了一会儿，一个农民拉着货车路过。

"这是怎么回事？把这么大的石头放在这儿，危险又挡道！"

农民很不满，踢了石头一脚走了。

就这样，没有一个人把这块石头搬走。

一个月后，国王把市民召集到广场上训话。

"这块石头其实是我放的！然而，直到今天，没有一个人为了公共利益把石头搬走。这应该是我治理国家的不足之处。今天，我来搬掉这块石头！"

　　说着，国王亲自搬动了石头。

　　石头下面露出了一个袋子，上面写着"赠予清理该石头者"，袋里装的是宝石和二十枚金币。

　　你看，在那无人欣赏的深山里，樱花开得多么灿烂！即使不为人知，也应竭诚向善。

87

分辨火焰的颜色

日本名画家月冈芳年①将浮世绘②与油画融会贯通，开创了新一派画风，留下了许多一流的名画。

有一次，神田③着大火，月冈芳年跑去写生，画下了烈火熊熊的火灾现场。

后来有一天，与月冈芳年有来往的消防队员来家中做客，月冈芳年就把这幅画拿出来给他看。

"这是几天前神田着大火时的写生。你是消防专家，一定对火灾的事情很熟悉，请你看看这幅画有没有什么不对的地方？"

不愧是出自名人之手，燃烧的火焰、滚滚的黑烟、人们骚动的场面等都活灵活现，真让人有身临其境的感觉。

注视了一会儿，消防队员回答说："说实在的，着火那天夜里，我有事没去火灾现场。但从这幅画上看来，是不是神田的某五金商店着火了？"

月冈芳年大吃一惊。

"正如你所说！这画的正是五金商店着火时的情景。仅仅看这幅画上的火焰和烟雾，你怎么就能知道这些呢？"

消防队员答道:"我从事消防工作多年,一看火焰的颜色就能知道'这是木头在燃烧'、'那是金属在燃烧'。现在看你的画,从火焰的颜色可以看出,这肯定是金属燃烧时的颜色。"

听了消防队员的回答,月冈芳年愈发感叹,称赞道:"经验的磨炼可真不得了!听你说的关于分辨火焰颜色的这番话,我学到了不少东西。"

这个消防队员值得赞赏,而画家的画也不愧为名画。

无论任何事情,只要达到了深奥的境界,都是令人惊叹的。

①月冈芳年 (1839年—1892年): 号大苏。日本浮世绘画家,擅长历史画和美人画。
②浮世绘: 日本江户时代的风俗画,以江户的平民阶层为基础兴盛一时。
③神田: 地名,位于今日本东京都千代田区东北部。

88

进退维谷的释迦牟尼佛

这是释迦牟尼佛在修行时发生的事情。

有一只受伤的鸽子飞到释迦牟尼佛面前，恳求说："有只鹫追在后面想吃掉我，请您救救我!"

释迦牟尼佛轻轻地抚慰着这只浑身发抖的鸽子，把它藏进怀里。

一会儿，一只饥饿不堪的鹫出现了，它巡视了一下四周，问释迦牟尼佛说："有没有鸽子飞到这里来?"

"鸽子，在我怀里。"

鹫听后松了一口气，放心地说道："哎呀! 这下我可以活下去了。请把鸽子交给我。那只鸽子是我即将饿死之际发现的，放跑了它，我就只有死路一条了。"

如果让鹫活下去，就不得不把鸽子置于死地；如果给鸽子以生路，鹫则不得不饿死。

面对这艰难的选择，进退维谷的释迦牟尼佛下了一大决心。

"鹫! 你的饥饿，除了鸽子，就没有别的办法来解决吗?"

"那倒不是。如果得到等量的肉，我就不会饿死了。"

"那么这样行不行？我给你相当于鸽子重量的肉，你放过鸽子好吗？"

鹫同意了。

释迦牟尼佛削掉自己一条大腿上的肉，和鸽子的重量衡量了一下，远远不够。释迦牟尼佛又把另一条腿上的肉割下来，一称，还是不够。于是，释迦牟尼佛又把全身这里、那里的肉削下来，都给了鹫。

鹫终因摆脱了饥饿而喜悦，鸽子也因免于一死而高兴。释迦牟尼佛则望着两个得以共同保全的生命，露出了欣慰的笑容。

教育鹫应该持有慈悲之心，是可贵之举。

反之，说服鸽子应该达观，有时也是必要之事。

然而，释迦牟尼佛却选择了最困难、最艰苦的道路。

因为，那是一条至高无上的路。

89

完美也是缺点

有一次，来博多巡回演出的相扑①手一行中，有个很强的力士。人们评价他说，就算大关②、横纲③，也胜不了他。

有位捧场的客人当面称赞道："凭你这身手，很快就会升为横纲了！"

力士听了，冷静地回答说："谢谢您的夸奖。不过，我没有做横纲的能力。首先，我的身手与其说是无懈可击，不如说是我没有能力给对方留下进攻的余地，这是我的缺点。横纲的相扑总是留有一定的余地。无论什么样的对手，都给其留有可乘之机。而我的相扑没有这样的余地，我是远远不够横纲资格的。十分惭愧，我真的还很不成熟。"

这些话，实在是令人钦佩的自知名言。

日常会话时也一样，如果对方无懈可击，我们就会感觉窒息，不能与对方充分沟通，无话不谈。

古人也说，有点"少根筋"的人，才能成为受人喜爱的、有魅力的人。就如美女脸上的一点墨痣，格外让人怦然心动。

剑圣宫本武藏④曾以漏洞百出的剑法诱敌制胜，可谓其剑法高超之所在。如果不是知己知彼游刃有余的话，是无法做到的。而这，也是"大人物"所不可缺少的素质。

①相扑: 日本传统竞赛项目之一。两名力士在相扑场上进行较量，看谁先把对方推倒或推出场外，以此决定胜负。
②大关: 相扑力士的级别之一，仅次于横纲。
③横纲: 相扑力士的最高等级。
④宫本武藏 (1584年—1645年): 日本著名剑客。据说一生比武六十多次，从未失败。

90

奖赏不孝之子

一位严谨的武士带着仆人外出旅行。途中，仆人落在后面，武士便停下来等他。过了一会儿，仆人气喘吁吁地赶了上来。

"你干什么去了？"

"草鞋带断掉，我给接上了。"

"稻草是跟谁要的？"

"我从路边稻草架子上抽下来的。"

"跟主人家打招呼了吗？"

"没有，不过是一两根稻草，没人会说的。这种事谁都会做的。"

"混账！你这种德行怎么行！任谁原谅你我也不能原谅。马上去向主人家道歉！"

武士严厉地命令仆人去道歉。

这位武士大概明白，"大家都这么做"、"区区小事"，这些都是诱使人走上邪恶之路的言辞。

还有一个故事，发生在日本历史上有名的人物水户黄门①

——德川光国在领地巡视的时候。

有个不孝之子，听说水户黄门对于孝子会给予大笔奖赏。为了骗取奖赏，这个人就背起平日经常虐待的老母，装出一副孝子的模样，等在水户黄门巡视时要经过的路上。

水户黄门看见他，就命令身边的人："给那人奖赏！"

"您说什么?! 那人是个尽人皆知的不孝之子。今天他背着母亲来见您，无非是为了欺骗您的眼睛，领取奖赏。"

听了这些众所周知的事实，水户黄门只是"嗯、嗯"地点了点头，然后这样晓谕道："他即使是为了欺骗我才那么做，不也很好吗？只有今天一天也好，只有这一次也好，他那样背着母亲，哪怕只是做个样子，开始付诸行动就是很可贵的。多给他些奖赏！"

近朱者赤。与善人交往，就会自然而然地萌生出善心。

善行，即使是仿效，也要去做。

①水户黄门：本名德川光国（1628年—1700年）。江户时代前期的水户藩藩主，德川家康的孙子。

91

出人头地的要诀

有一颗钻石混在河畔的小石头堆里。

一个眼尖的商人发现了它，把它卖给了国王。

钻石被镶嵌在王冠上，它闪耀的光辉深深地吸引了大众。

这件事传到了小石子们的耳朵里，一时轰动起来。钻石的幸运，令小石子们羡慕不已。

有一天，小石子们叫住了路过的农夫，哀求说："听说，原来和我们一起混在这里的钻石那家伙，现在在都城大出风头。可它和我们一样，都是石头呀。我们只要到了城里，肯定也会有出息的。拜托您把我们带到城里去吧!"

农夫觉得它们可怜，就把它们装进行李箱，带到了城里。

小石子们如愿以偿，来到了向往的都城。然而，它们岂能装饰王冠!

小石子们被铺在马路上，每天被无数的车轮碾压，痛苦不堪，流尽了后悔的眼泪。

一只猫头鹰愁眉苦脸地飞了过来，它的同伴鸽子看见后，叫住了它。

"喂！你闷闷不乐的，要去哪里？"

猫头鹰一副落寞的样子，回答说："你也知道，这村里的人们都讨厌我，说我声音难听，所以我决心换个地方住。"

鸽子听了扑哧一笑，忠告它说："那是没有用的！猫头鹰，无论换到什么地方，只要不改变你的声音，走到哪里，哪里的人们还会同样嫌弃你。如果有丢掉老巢的勇气，你不如用它来努力改变自己的声音！"

磨炼自己，才是出人头地的真谛。只要成为发光的存在，人和物，就会自然而然地聚集到身边。

应该知道，如果忘记了平素坚持不懈地磨炼自己，而只是一味追求出人头地，结果反而会导致失败。

92

男儿的勇气并非只在征战

日本江户时代末期，一场会使首都江户毁于战火、将国家一分为二的愚蠢之战即将爆发。

英国、美国、法国还有俄国，分别佯装支援官军①或幕府军，虎视眈眈地伺机将疲于内战的日本变为殖民地。如果中了他们的圈套，日本可能就会变成第二个印度或清朝中国。

无论如何也要避免这场战争！

幕府军代表胜海舟②在田町某别墅与官军大参谋西乡隆盛③结束了最后的谈判后，立即驱马直奔江户城。

快到赤羽桥④时，天已经黑了，周围被夜幕笼罩着。

"砰！"沉闷的一声枪响，子弹"嗖"地擦过脸颊，接着第二枪、第三枪……

"现在还不能死！"

胜海舟感觉到生命的危险，用马掩护着自己，闯了过去。

要杀害胜海舟的到底是官军还是幕府军？两者都有可能。

第二天就面临着决战！为保住举兵的大义名分，官军坚持"一定要讨伐德川庆喜⑤"；而驻守江户城的幕府军，也愤怒地叫嚣:"绝不能不战而降!"主张决一死战的强硬派的呼声，在两军中愈演愈烈。军队上下处处燃烧着仇恨和兴奋。

"斩掉软弱的西乡隆盛! 杀死胜海舟!"在西乡隆盛和胜海舟谈判时，也常有暗杀者在房子周围转来转去。

在这种情况下，鼓动大家坚决作战并非难事，但要说服和控制住气势汹汹的强硬派，这对任何人来说，都是一件极其艰巨的事情。

然而，两位英雄千方百计地用道理向大家说明了日本正面临沦为西方诸国殖民地的危机，阐述了国家利益的重要性，终于成功地实现了江户城不流血开城⑥，留下了名垂青史的丰功伟绩。

只知道征战，并非是男子汉的气魄。高瞻远瞩、准确判断，才是最重要的。

---

①官军: 日本江户时代末期，按天皇命令组成的讨伐德川幕府的军队。

②胜海舟 (1823年—1899年): 江户时代末期，代表德川幕府的政治家。

③西乡隆盛 (1827年—1877年): 江户时代末期，代表新政府的政治家。

④赤羽桥: 位于现日本东京都港区。

⑤德川庆喜 (1837年—1913年): 德川幕府最后一代将军，1866年—1867年在位。

⑥江户城不流血开城: 江户时代末期，天皇军队与幕府军队即将在首都江户（今日本东京）举行决战之际，两军中的有识之士顾全国家整体利益，回避了这场战争。最终，德川幕府从江户城中撤出，首都江户避免了战火的洗劫。

93

做事不要认死理

有个男人对佛教的种种礼仪和形式非常反感。

"我连看见和尚都烦。要是我死了,别搞葬礼等任何徒劳的事,把我的遗体找个地方一烧,把骨灰往空中啪地一撒就是了。如果这也麻烦,就扔到河里吧。"他总是这样宣称。

可是,黄泉路上无老少。不幸的是,他最疼爱的独生子突然先他而去了。

他极其悲伤,给儿子擦净遗体,穿上盛装之后,他去了一向讨厌的寺院,鞠躬恳求道:"住持!请为我心爱的儿子做场法事,举行一次盛大的葬礼吧!"

葬礼结束后,遗骨被埋在了寺院的墓地里。

那天下雪。

他来到墓前,用手拂去墓石上的积雪,摆上带来的柑橘和糕点,双手合掌说:"儿子!你一定很冷吧?快吃吧!"

他就像跟活人说话一样,久久不肯离开墓地。

这个男人是不是突然变得承认死后的世界了呢?不是的。他是不得不这么做。

他由于痛失爱子,几近崩溃,所以不得不通过盛大的葬礼和扫墓，来慰藉自己悲痛不堪的心灵。

　　有些人平素自负是个无神论者，但在举行结婚典礼时，不请牧师就觉得不踏实；亲人去世时，不请僧人就感到心里不安。

　　甚至连核动力船只的下水典礼，人们都要举行祭神仪式。

　　冷静的第三者会觉得奇怪。但由此也可以知道，人有着无法否认、无可奈何的动物般的原始情感。

　　凡事都只凭道理解决的人，不受欢迎。因为他无视于人的这种根深蒂固的本性。由于只讲道理不通人情而给自己带来的损失，不知有多少！

94

救他人者得他人救

森林之王狮子吃得饱饱的，正在睡午觉。它慵懒地伸出胳膊时，正好摁住了一只小老鼠。

老鼠拼命地叫了起来。

"狮子大王，饶命啊！您饶了我的话，我终生都不会忘记您的恩情！在您危急之时，我一定会报答您！"

"哈哈哈！我怎么会有求助于你的时候？不过，现在正好我的肚子饱饱的，就放你一条生路，快快逃命吧！"狮子傲慢地咆哮着。

"谢谢！"再三施礼道谢之后，老鼠跑走了。

过了不久，狮子在森林中散步的时候，掉进了一个大陷阱里。狮子的手脚被网捆住，脑袋被吊起，越动越喘不过气来，它痛苦地挣扎着。

被狮子放走的老鼠得知后，马上跑了过来。

"大王，我来救你！"老鼠一根一根地咬断捆住狮子的网。

狮子得救了。

不管多么小的东西，也绝不可小看。

我们是受到万物之恩而活着的，所以不知道什么时候需要求助于他人。一定要以慈悲之心，善意地对待周围的一切。

无因焉有果
不种岂能收

有一个人在十月初外出旅行，路过东方的一个国家。

凉爽的秋风吹过颗粒饱满的稻穗，一望无际的稻田泛起阵阵金黄色的稻浪。稻田旁，农夫微笑着一边抽着烟，一边悠闲地干着活儿。

不久，这个旅人又路过了这个国家。

这时，金黄色的稻浪已经变成了一袋袋的大米，在家家户户的屋檐下堆积如山。每家都传来了欢快的谈笑声。

旅人见此，羡慕道："东方之国真是天堂，不须辛苦就能得到如此丰收！"

邻居听了旅人的话，就想那么好的国家，我一定要去看看，于是，就在第二年的五月初出发去东方之国旅行了。

一到东方之国，他看到人们浑身是泥，挥洒着汗水在拼命地干活。

他觉得意外，顺便办完事之后，六月底又路过了东方之国。这时，烈日当头，人们汗流浃背地仍在拼命劳作。至于金黄色的稻浪、堆积如山的米袋，却全然不见。

"我被那个人骗了！东方之国哪里是天堂？简直就是劳

苦的地狱！傻瓜透顶！"

邻居怒气冲冲地回家了。

成功的背后有眼泪。

无因焉有果，不种岂能收。不懂得因果道理的人实在可悲可怜！

96

人生的毕业典礼

这是二宫尊德①与家人一起吃饭时的事。

二宫尊德用筷子夹盘子里的腌萝卜时，由于腌萝卜的皮没切透，一夹就连上来四五片。

二宫尊德夹起这个给家人看，谆谆教诲说:"看! 无论做什么事情，重点都在这个地方。

"把腌萝卜取出来是很费事的。首先要搬走压咸菜的石头，打开盖子，把沾满米糠的萝卜拉出来，还得把咸菜坛子按照原样收拾好。之后洗掉米糠，用刀把萝卜切成片，最后放到盘子里。

"但在切的时候，如果用力不够切不透的话，吃的时候就不方便。如果拿给客人，那就太失礼了。

"做事情，谁都可以做到十之八九，但剩下的那一二成却很少有人能好好地完成。而这恰恰是一个人能否成功的关键所在。

"要明白，无论做任何事情，结尾都是很重要的。"

曾任日本"第一高等学校②"校长而负有盛名的杉敏介，

在大学毕业时，去拜望同乡老前辈品川弥二郎③。品川弥二郎在明治维新之际，曾屡次闯过枪林弹雨。

当时因为大学毕业生寥寥无几，所以学士们在社会上极其受到尊重。

面对得意而来的杉敏介，品川弥二郎身子连动也没动，平静地对他说："要知道，人生的毕业典礼是葬礼。无论做任何事情，都要把这一点铭记心上。否则，将一事无成！"

据说，杉敏介后来就把"人生的毕业典礼"这句话当做自己的座右铭，奋斗了一生。

在相扑界有句俗语："一级之差，有主仆之别；十级之差，如蝼蚁之辈。"

可以说，正是这一观念支撑着相扑界。

据说，相扑力士入门，一年之内大约会有三分之一退出；过了四五年还成不了"幕下④"力士的话，就引退了。

能成为"幕内⑤"力士的，二十人中有一人。而能到达大关级别的，一百五十人中才有一人。

由此可见，贯彻初衷，坚持到最后不泄气是多么难啊！由此也可以知道，为什么世上成功者这么少了。

①二宫尊德 (1787年—1856年)：日本江户时代后期的农政家、思想家。
②第一高等学校：相当于现在的日本东京大学。
③品川弥二郎 (1843年—1900年)：日本明治时期的政治家。
④幕下：相扑力士的一个阶层。
⑤幕内：相扑力士的最高阶层。这个阶层中，从上到下更细分为横纲、大关、关胁等级别。

97

比进步还重要的事

释迦牟尼佛十大弟子之一的周利盘陀伽天生愚钝，连自己的名字都记不住。

因此，连他的哥哥都讨厌他，把他赶出了家门。

周利盘陀伽站在门外伤心地哭泣。释迦牟尼佛看到后，亲切地问道："你为什么这么伤心啊？"

周利盘陀伽就把一切都如实地说了出来。

"为什么我生来这么傻呢？"说着，他潸然泪下。

"不必伤心难过。你知道自己傻，就是有自知之明。而世上有很多愚蠢之人都自以为聪明。知道自己愚蠢，这本身就最接近开悟。"释迦牟尼佛亲切地安慰他，然后送给他一把扫帚，并教给他"扫尘"、"除垢"两句话。

周利盘陀伽一边清扫，一边拼命地背诵释迦牟尼佛教给自己的两句圣语。

然而，他记住了"扫尘"，就忘了"除垢"；记住了"除垢"，就忘了"扫尘"。

尽管如此，他持之以恒地坚持了二十年。其间，只受到过释迦牟尼佛一次表扬："你清扫了这么多年，也没有长进，但是你不因此灰心丧气，而是坚持做同样的事。长进固然很重要，但坚持不懈地做同一件事情，更加重要。这是其他弟子所没有的可贵之处。"释迦牟尼佛称赞了他一心一意努力的态度。

后来，在一次扫除中，周利盘陀伽发现垃圾和灰尘不仅在自己认为有的地方才有，在自己认为没有的地方，其实也会意外的存在。由此，他惊讶地得知："我认为自己很傻，但是，在我没有察觉到的地方，其实还不知有多少愚蠢之处呢!"

就这样，他终于开悟，证到了阿罗汉之位。

这正是由于遇到了良师、良法，并持之以恒努力修行的结果。

98

世上最美味的是什么?

有一次，德川家康召集了本多忠胜、大久保忠胜等武将，让他们讲讲各自的战功。之后，德川家康用食物出了一道题:"这世上最好吃的东西是什么? 你们都说说自己的看法。"

有人说是"酒"，有人说是"点心"，还有人说是"水果"。大家都举出自己喜欢的食物争论起来。而德川家康对众人的回答似乎都不满意。

过了一会儿，德川家康指着他向来非常赏识的后宫女官阿梶问道:"你认为什么最好吃?"

阿梶一笑，干脆地答道:"最好吃的是盐!"

"的确!"德川家康这才满意地点了点头，接着又问:"那么最难吃的是什么?"

"最难吃的也是盐!"阿梶很自然地答道。

"真不愧是阿梶!"

德川家康对她的聪明赞叹不已。

盐是味道之本。因为有它，食物才能变得美味可口，所以它肯定是最好吃的东西。但同时，盐也能毁掉一切味道，所以它也是最难吃的东西。更确切地说，盐本来既不是好吃的东西，也不是难吃的东西，味道好坏完全取决于加盐的手。

盐不过是调味的材料而已，适当地控制盐量的妙手，才是味道之本。阿梶巧妙的回答，正是道破了这一点，才令众人折服。

健康、财富、名誉、地位等等，都不过是幸福的材料而已，只有善于运用和驾驭，才是人生的真谛。

99

顶着苦难的暴风雨前进

这是发生在强台风袭击日本关西时的故事。

大阪的某所学校，校舍被狂风吹得嘎吱嘎吱作响，发出令人恐惧的声音。老师和学生们都吓得浑身颤抖，不知所措。

这时，一位老师毅然地站起来喊道："大家顶着风往外跑！"

学生们跑到了外面，却由于风大站不住脚，自然而然地要顺风往下风口走。

"不能往那边走！爬到稻田里去！抓住稻子前进！"

老师严厉的声音使孩子们大吃一惊，乖乖地奔向稻田，抓着稻子前进。

过了一会儿，一声惊人的巨响，校舍顺风倒下了。但没有一个人伤亡。

人生亦然。

面对困难，尽管我们明白只要以泰然自若、大无畏的精神迎刃而上，就能够克服，却还是难以断然采取行动。

从早上起来到晚上入睡，生活中不顺心的事就像山一样多。

　　若论小事，或是洗脸水太凉，或是洗澡水太热；坐到饭桌前，不是饭太软，就是饭太硬，等等。单说天气，一年当中，完全尽如人意的日子，连三天都不到。

　　无论在家里，还是在工作单位，都要面对繁琐复杂的人际关系；再加上突如其来的不幸和灾难……大事小事，都让人或痛苦，或悲伤，弄得人伤痕累累，而令人高兴的事情却寥寥无几。

　　然而，在这样的时候，如果想到"现在正是关键时刻"，会怎样呢？

　　咬紧牙关忍耐时，如果想到"现在正是关键时刻"，痛苦也会减轻。

　　努力帮助他人时，如果想到"现在正是关键时刻"，就不会使人感到矫揉造作。

　　鼓起勇气面对时，如果想到"现在正是关键时刻"，那么不可原谅的事情也能够原谅。

　　但愿我们能抓住"现在正是关键时刻"这把稻子，顶着苦难的暴风雨，奋勇前进。

100

你愿意吃苦吗?

从前有两个商人,经常背着和服衣料翻越礁水岭①,去做买卖。

有一天,一个商人走累了,他在路边的石头上坐了下来。

"太累了,歇会儿吧!这座山要是再低一些,我们就能轻松地翻越过去,赚到很多钱了。你说是吧?"

他抬头看了看高高的山岭,抱怨道。

"我不这么想。岂止如此,我觉得这山要是更高更险才好呢!"

同路的江州商人②这样回答。

"为什么?难道你愿意吃苦吗?你这人真怪!"

同伴商人苦笑着。

"难道不是吗?如果这山岭很容易翻过去的话,那么谁都会翻过山去做买卖,我们就赚不到什么钱了。但如果这座山更高更险的话,就没人愿意翻山过去做买卖。如果我愿意,那么我的买卖一定会兴旺发达!"

难怪江州商人成功者辈出!果然气魄非凡。

成功是努力的结晶。不付出努力所能得到的，就只有贫穷和耻辱。

　　越过难中难，才能见光明!

①礁水岭: 日本地名，位于长野县和群马县交界处，以险峻闻名。
②江州商人: 出身于日本近江国 (今日本滋贺县) 的商人。以擅长经商而著称。

人，为什么活着

日本佛教大师的入世智慧

日本长销**20余年经典**著作，销售量突破**100万册**。英译本上市**10**年，畅销美国、东南亚等地。从**11**岁到**103**岁，无数人因为它重新唤起了生存的勇气与希望。

● ● ● ● ● ● ●

"人生到底有没有目的？"

"人活着的意义是什么？"

本书以朴实的语言阐释了佛教的精髓，以轻快、风趣的笔调解答了"人，为什么活着"这个人生难题。

全书分为上下两篇，上篇融汇了众多文学家、思想家对生命的解读，揭示了人生的真相，下篇则透过释迦牟尼佛的慧语以及日本佛教大师、净土真宗祖师——亲鸾圣人的教诲，明确地解答了让古今中外所有人困惑不已的人生命题。

书中既有散见全篇的箴言偈语，又有珠玉般的佛家典故，读来令人回味无穷。

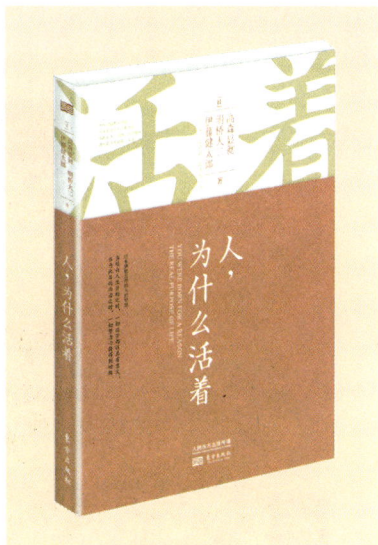

在不自由的世界中得以尽享自由，这"无碍之一道"才是所有人追求不已的终极目的。（摘自文中）

读者感想：

《人，为什么活着》一书内容很丰富，介绍了古代的、现代的、西方的、东方的哲理和事例，阐述了很多如何做人的具体道理，也给出了许多警示，深入浅出，很有说服力和感染力。这些都会让读者受益。

中国读者，乃至整个中国社会需要《人，为什么活着》这类的书。

（北京市 男 61岁 私企经营者）

本书的作者让人思考人生目的的同时，也让我们看到了作者用心良苦地引荐了许多名人名书中的话语来劝导那些陷入困惑和焦虑之中的人们，对人生应该采取积极向上的态度。所以，我说此书是一本值得一看的好书。

（上海市 女 48岁 酒店业）

本书从佛学的角度去阐释人活着的目的，对生死、苦恼等问题进行开解，让自己以新的角度和方式去面对人生当中遇到的苦恼和疑惑，能让自己的心胸更开阔，并认识到人活着的真正目的和意义。

（上海市 女 32岁 公务员）

很受震撼，觉得书中探讨的问题都是关乎人生、生死的，很深刻。平日生活中不会经常进行这么深刻的思考。

（北京市 女 24岁 硕士）

你从未读过的：

藏在世界地图里的童话故事（全 4 册）

49 个故事陪伴孩子走遍世界**六大洲**的 49 个国家和地区
以一种"比较"的眼光，**国际的视野**，给孩子解读最富**民族色彩**、最有**地域特色**的世界童话故事。

本书内附彩色世界地图，我们标注了每个故事发生的国家和地区
让小朋友们可以跟着这些故事进行一场精彩的世界之旅

累计销量过百万

畅销日本半个世纪的亲子共读童话经典！

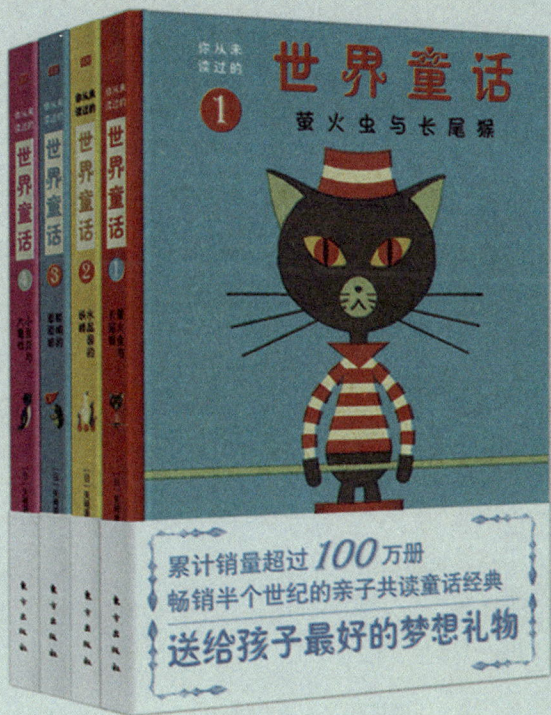

你从未读过的
世界童话
① 萤火虫与长尾猴

累计销量超过 **100** 万册
畅销半个世纪的亲子共读童话经典
送给孩子最好的梦想礼物

日本童书大师**矢崎源九郎**选编，在日本**畅销百万**。编者生于 1921 年，原**东京教育大学副教授**，主要著作有《日本的外来语》等，作者以一种国际的视野和独特的思维方式，根据**人文特点**以及地域色彩为孩子选编了 49 个故事，展现了 49 个国家和地域的民族特点，为代代相传的经典读物。

图书在版编目（CIP）数据

送给心灵的100束鲜花 /（日）高森显彻著；心语翻译组译.
— 北京：东方出版社，2014.2
ISBN 978-7-5060-6516-0

Ⅰ.①送… Ⅱ.①高… ②心… Ⅲ.①人生哲学－通俗读物 Ⅳ.①B821-49

中国版本图书馆CIP 数据核字(2012) 第085645号

Hikari ni Mukatte 100 no Hanataba
by Kentetsu Takamori
Copyright © Kentetsu Takamori 2000
All Rights reserved
Simplified Chinese translation copyright Ichimannendo Publishing
Co. Ltd. 2013
With BEIJING HANHE CULTURE COMMUNICATION CO.,LTD.
Published by Oriental Press. 2013
First original Japanese edition published by Ichimannendo Publishing
Co. Ltd. 2000,
Simplified Chinese translation rights arranged with Ichimannendo
Publishing Co. Ltd.
through BEIJING HANHE CULTURE COMMUNICATION CO.,LTD.

本书版权由北京汉和文化传播有限公司代理
中文简体字版专有权属东方出版社
著作权合同登记号 图字：01-2013-4395号

送给心灵的100束鲜花
（SONGGEIXINLINGDE 100SHU XIANHUA）

作　　者：[日] 高森显彻
译　　者：心语翻译组
责任编辑：姬　利　郭方欣然
策　　划：吴常春
出　　版：东方出版社
发　　行：人民东方出版传媒有限公司
地　　址：北京市西城区北三环中路6号
邮政编码：100011
印　　刷：北京文昌阁彩色印刷有限责任公司
版　　次：2014年3月第1版
印　　次：2021年5月第2次印刷
印　　数：6001—14000册
开　　本：880毫米×1230毫米　1／32
印　　张：7
字　　数：122千字
书　　号：ISBN 978-7-5060-6516-0
定　　价：42.00元
发行电话：(010) 85924663　85924644　85924641